数学物語

矢野健太郎

角川文庫 15121

目次

動物と数

みなさんは、鳥、犬、馬、さるなどの動物に、数のことがわかるかしらとお考えになったことがありますか。

それについては、次のようなおもしろい話があります。

あるとき、林のなかで鳥の巣を見つけた人がありました。鳥のいない留守に近づいてみますと、巣には卵が四つありました。そこでその人は、そっと一つの卵を取りさっておきました。しかし巣に帰ってきた親鳥は、四つの卵が三つになっていることにはいっこう気がつかないようすでした。そこでその人はまた、鳥の留守にもう一つの卵を取りさっておきました。するとこんどは、巣に帰った親鳥は、卵の数の減っているのに気がついて、これはあぶないと巣を飛びたち、ふたたびその巣には帰ってこなかった、というのです。

この話がほんとうだとすれば、この鳥は、四つと三つの区別はできないが、四つと二つの区別ならできるということになります。

また外国に次のような話もあります。

あるお城の塔の上に、からすが巣を作っていました。これを見つけた城主は、このからすを生け捕りにしてやろうと考えました。そこでそっとその塔のなかへはいっていきますと、からすはすぐにこれに気がついて巣を飛びたち、城主が塔を出るまでは、どうしても巣に帰ろうとはしませんでした。これをなんどくりかえしてもだめなので、城主はとうとう一つの計略を思いつきました。城主は二人のけらいを呼んで、二人いっぺんに塔のなかにはいり、しばらくしてそのうちの一人が塔を出れば、からすはだまされて巣に帰るだろうから、塔に残っている他のけらいがうまくからすを生け捕るようにと命じたのでした。ところがからすは、この計略にはだまされませんでした。二人のけらいが塔に近づくと巣を飛びたち、二人のうちの一人が塔を出ても巣に帰らず、もう一人のけらいが塔を出るのを見とどけてから、はじめて巣に帰ってきたのでした。

よしそれならばというので、城主は三人のけらいを使って同じ計略を行なってみました。しかしからすは、これにもだまされませんでした。からすは、三人のけらいが塔にはいるのを見るとすぐ巣を飛びたち、そのうちの一人が塔を出ても、もう一人が塔を出ても巣に帰らず、三人ともが塔を出るのを見とどけてはじめて、この巣へ帰ってきました。

城主は、その次には四人のけらいを使って同じ計略を行なってみましたが、からすはこれにもだまされませんでした。

城主はさらに根気よく、こんどは五人のけらいを使って同じ計略を行なってみました。五人のけらいが塔にはいるのを見てからすはその巣を飛びたちました。そのうちの一人が塔を出ても、二人が出ても、三人が出ても、からすは巣に帰ろうとはしませんでした。ところが、そのうちの四人が塔を出ますと、からすはこれでみんな出てしまったと思ったのでしょう、巣に帰ってきましたので、塔のなかに残っていたもう一人のけらいにとうとう生け捕られてしまった、というのです。

もしこのお話がほんとうだとすれば、このからすは、二と一、三と一または三と二、四と一または四と二または四と三、五と一または五と二または五と三の区別はできるが、五と四の区別はできない、ということになります。

以上のお話は、ただの伝え話にすぎませんが、鳥や犬やさるなどに数がわかるかしらという問題はなかなかおもしろい問題ですので、心理学の先生がたがいろいろな実験を行なっています。その結果を簡単にお話してみましょう。

こまどり、からす、はと、にわとり、おうむなどにたいして行なわれたいろいろの実験の結果を合わせて考えてみますと、これらの鳥類は、二と一、三と一、三と二、四と一、四と二、四と三ぐらいまでの数の区別ができるようです。いうまでもないことですが、これらの鳥はみなさんがするように数を数えることができるのではなく、ただ目で見て、たとえば三と二の区別ができるという意味です。

ねずみ、犬、馬などにたいしても、心理学の先生がたはいろいろな実験を行なっています。それらの結果によりますと、これらの動物は、一から三まで、まれには四までの数がわかるといわれています。

さらに、さるとチンパンジーにたいして行なわれた実験によりますと、さるは一から三ぐらいまでの数を、チンパンジーは一から五までの数を判断することができたといわれております。

未開人と数

以上お話しましたように、鳥や犬やさるなどの動物は、やっと三と一、三と二、四と一、四と二、四と三の区別ができるくらいでして、数の考えというものは、まあないといってよいくらいです。

それならば、われわれ人類の遠い祖先、または現在南洋諸島、オーストラリア、アフリカ、南アメリカ等の各地に生き残っている未開人たちは、はたしてどのていどに数の考えをもっているでしょうか。これもなかなかおもしろい問題ですので、多くの学者がこれを研究しております。そのうちのいくつかをお話してみましょう。

われわれ人類の遠い祖先、われわれが知ることのできる人類の歴史が始まるよりも、もっともっとまえに生きていたわれわれの祖先たちが、どのていどに数の考えをもっていたか、ということにつきましては、これを研究する方法がほとんどありません。

そこで学者たちは、いま地球上の各地に生き残っている未開人たちの数に対する考え方を十分に調べることによって、これからわれわれの祖先たちのようすをうかがい知ろうと考えました。

さて、南洋諸島、オーストラリア、アフリカ、南アメリカ等の奥地を探検した学者たちの調べたところによりますと、これらの土地に住む未開人のなかには、一、二までの勘定はできますが、それ以上になると一律にたくさんですませてしまう連中があるそうです。

またオーストラリアとニューギニアの間の海峡の島々に住む土人のなかには、

一

二

三………二と一

四………二と二

五………二と二と一

六………二と二と二

というぐあいに数えていく連中があるそうですが、この方法で四までの数のわかる土人はひじょうに少なく、七のわかる土人はほとんどないといわれております。

しかし、いくら未開人だからといっても、だんだんとその生活が複雑になってきますと、どうしてももう少し大きな数をとり扱う必要にせまられてきます。そのようなばあいに、未開人たちはどんな方法を使うでしょうか。

たとえば、ある土人が家畜を八匹もっていたとしましょう。もしこの土人が数えることができたならば、彼はその家畜の数を数えて、自分の家畜の数は八だと覚えておけばよいわけです。ところがこの土人には、八などという大きな数はとうていわからないのです。そこで土人は次のような方法をとります。すなわち、自分の家の近所の木の幹に、家畜一匹にたいして一つの刻み目を、またほかの一匹にたいして一つの刻み目を、……というぐあいに刻み目をつけていくのです。つまり彼の家畜一匹にたいして一つずつ刻み目をつけていくのです。したがって木の幹には八つの刻み目ができあがるわけです。この土人には、この八という数はわからないのですが、しかし彼の家畜が全部そろっているかどうかは、これをつかって知ることができます。すなわち、夕方彼の家畜が全部帰ってきたかどうかを見るのには、彼の家畜と木の刻み目とを一つ一つ符合させてみればよいわけです。ちょうど符合すれば、家畜は全部そろっているのですし、もし刻み目のほうが余れば、家畜がたりなくなっているのです。

勘定を意味する英語 tally《タリー》 が、切ることを意味するラテン語 talea《タレア》 からきているのは、われわれの遠い祖先たちも、この土人と同じ方法を用いて勘定をしていた一つの証拠だといわれています。

未開人たちはまた次のような方法も使います。たとえばある酋長《しゅうちょう》が三〇人のけらいをもっていたとします。もしこの酋長が三〇まで数えることができたならば、酋長はじぶんのけらいの数を数えて、おれのけらいの数は三〇人だと覚えておけばよいわけです。ところが、残念ながら酋長には、三〇などという大きな数を勘定することはできません。そこで酋長は次のような方法をとります。まず酋長は、彼のけらいの一人一人に小石をわたします。そしてまたこれを集めておくのです。小石の数は三〇あるわけです。つぎに酋長がそのけらいに集まれという号令をかけたときに、彼のけらいが全部集まったかどうかを知るのに酋長は、しまってあった小石をとり出して、それを一つ一つ彼のけらいにわたしていくのです。もし小石が全部にわたれば、彼のけらいは全部そこに集まっているわけです。もし酋長の手もとに小石がいくつかでも残れば、彼のけらいはまだ全部は集まっていないことになるのです。

計算法を意味する英語 calculus《カルキュラス》 が、小石を意味するラテン語 calculus《カルクルス》 からきているのは、われわれの遠い祖先たちが、この酋長と同じ方法で計算をしていた一つの証拠であるといわれています。

このように、二つの物の集まりがあるとき、これらが同数だけあるか、または一方のほうが他方より多いか少ないかを知るのに、それらを一つ一つ合わせていくというのはうまい方法です。たとえば、いまあるへやに、いくつかのいすと、なん人かのお客がいるとします。このとき、全部のいすに一人ずつお客様がかけており、あいたいすも立った人もいなければ、いすの数とお客様の数は等しいわけです。もしあいたいすがあって立った人がなければ、いすの数のほうがお客様の数より多いわけです。もしあいたいすが一つもなくて立っている人があれば、いすの数よりお客様の数のほうが多いことになります。しかもこれらのことは、いすの数やお客様の数をいちいち数えてみなくてもわかることなのです。

このように、二つの物の集まりがあるとき、その一方の一つに、他方の一つを、一つ一つ符合させていくことを、これらの物の集まりに**一対一の対応**をつけるといいます。もし二つの物の集まりにちょうど一対一の対応がつけば、これらは同数だけあることになります。

前にお話した土人は、その家畜の数とちょうど一対一の対応がつくような刻み目を木の幹につけておいたわけです。また前にお話した酋長は、そのけらいの数とちょうど一対一の対応がつくような小石をしまっておいたわけでした。

このようにして未開人たちは、物を数えるのに、それと一対一の対応がつくような見本を用意しておくことを覚えます。そしてその見本としては、彼らの身近にあるものをとりあげるようになっていきます。

たとえば、鳥の羽、クローバの葉、動物の脚、片手の指などをその見本とします。そして、二、三、四、五という数を表わすことを覚えていったのであろうと考えられています。

しかしこのような見本は、いつも土人の身近にすぐ見いだされるとはかぎりません。そこで未開人たちは、その見本としていつでも利用できるじぶんじしんのからだのいろいろな部分を用いるようになります。

次に、英領ニューギニアの東北地方で話されるパプア語からとった有名な例をあげてみましょう。土人たちは、われわれが勘定するように一、二、三、四、……と数えていくわけではないのですが、次のように、そこにあるものと、からだの部分とを一つ一つ対応させていくのです。

一　右手の小指

二　右手の薬指

三　右手の中指

四　右手の人差指

五　右手の親指
六　右の手くび
七　右のひじ
八　右の肩
九　右の耳
一〇　右の目
一一　左の目
一二　鼻
一三　口
一四　左の耳
一五　左の肩
一六　左のひじ
一七　左の手くび
一八　左手の親指
一九　左手の人差指
二〇　左手の中指

二一　左手の薬指
二二　左手の小指

こんな調子です。しかしながら、右手の小指から始めて左手の小指までいける土人はひじょうにまれだといわれています。

数え方と一〇本の指

さて未開人たちは、前にお話したような方法を使って、だんだんと数というものがわかってくるようになります。

そうしますと彼らは、数を覚えておいたり、これを数えたりするのに、刻み目を使ったり、小石を使ったり、からだのいろいろな部分を使ったりするよりは、むしろ両手両足の指だけを使う方がもっと便利であるということに気づくようになります。

手の指で数えていきますと、一、二、三、四、五で片手の指が終わります、したがって未開人たちは、五で一区切りだと考えるようになります。これもまことにとうぜんなことです。

げんに、グリーンランドの土人のなかには、

一

二

三　片手が終わった
四　片手と一つ
五　片手と二つ
六　片手と三つ
七　片手と四つ
八　一〇　両手が終わった

という勘定のしかたをするものがあります。

われわれの遠い祖先たちも、このように手の指で数を数え、したがって五つで一区切りと考えていたと思われる理由がたくさんあるのです。

たとえば、サンスクリット語やペルシア語では、五ということばと手ということばとがひじょうによく似ているということです。

またわれわれにいちばんなじみの深い例としては、時計の文字板に書かれた数字があります。

Ⅰ　Ⅱ　Ⅲ　Ⅲ（またはⅣ）

までは、ただ棒をその数だけ並べて書くだけですが、五になりますと、棒を並べる代りに、

V

という記号を使います。これは五つになると一区切りだという考えです。その先は、

VI　VII　VIII　VIIII（またはIX）

と書きますが、これは五つと一つ、五つと二つ、五つと三つ、五つと四つという書き方ですから、前にお話した土人の、片手と一つ、片手と二つ、片手と三つ、片手と四つという数え方とすっかり同じです。さて一〇になりますと、

X

と書きますが、これは、VとそれをさかさにしたɅとを合わせてXとしたのだといわれています。そうだとすれば、これも前の土人の両手が終わったとまったく同じことです。

もう一つおもしろい例をあげてみましょう。これはフランスのお百姓さんのする計算の方法です。

たとえば、六と八を掛けよ、という問題が出されたとしましょう。みなさんなら、掛け算の九九を使って六・八＝四八とすぐ答を出されるでしょう、ところが、フラン

スのオーベルニュという地方のお百姓さんたちは、五より小さい数の九九は知っていますが、五より大きな数の九九を知らないのです。そこで次のようにします。

まず六から五を引いた一本の指を右手に折ります。次に八から五を引いた三本の指を左手に折ります。そうしますと、折らずに残った指の数は右手に四本、左手に二本です。そこで、折った指の数一と三を加えた四を十位の数、折らずに残った指の数四と二を掛けた八を一位の数とする四八が答だというのです。

どうです。ずいぶん変った計算のしかたでしょう。しかしこれは、われわれの祖先たちが、五つで一区切りと考える計算をしていたりっぱな証拠になると思います。

さて前にお話したグリーンランドの土人は、一、二、三、四、片手が終わった、片手と一つ、……、片手と四つ、両手が終わった、と勘定して、つまり一〇まで勘定しても、まだ勘定が終わらないときには、こんどは足の指に移って、

一一　両手と一つ
一二　両手と二つ
一三　両手と三つ
一四　両手と四つ
一五　両手と片足

一六　両手と片足と一つ
一七　両手と片足と二つ
一八　両手と片足と三つ
一九　両手と片足と四つ
二〇　両手と両足、これで一人の人間がすんだ

という調子で勘定を続けていきます。それでも勘定がすまなかったらどうするか、ですって？　そのときには、もう一人人間を貸してくださいといって、

二一　人間一人と一つ
二二　人間一人と二つ
二三　人間一人と三つ
二四　人間一人と四つ
二五　人間一人と片手
…………

という調子で続けます。
このように考えますと、人間一人、つまり二〇というのがまた一区切りになっています。

われわれの遠い祖先たちもこれと同じような勘定のしかたをしていたと思われる証拠は、いまの英語やフランス語のなかに、この二〇という単語のあることに見いだされます。

たとえば、英語で七〇を表わすのに、わざわざ二〇が三つと一〇（three score and《スリー スコーア アンド》 ten《テン》）という言い方をすることがあります。またフランス語では、八〇を表わすのに二〇が四つ（quatre-vingts《カートル ヴァン》）、九〇を表わすのに二〇が四つと一〇（quatre-vingt-dix《カートル ヴァン ディス》）という言い方をします。

さて未開人たちは、このようにして指で物を数えることを覚えていきました。しかしながら、このようなことをなんどもくりかえしているあいだに、足の指まで使うのはあまり便利でないことに気づいてきました。じっさい足の指は、手の指のように簡単に折りまげることができません。

こうして未開人たちは、両手の指を使って物を数えていくのが一ばん便利であることがわかったのでした。両手の指は全部で一〇本あるのですから、両手の指で物を数えていきますと、一〇で一区切りということになります。このように、一〇で一区切りと考えて、それから先はこの一〇を組み合わせて勘定していく勘定のしかたのことをわれわれは**十進法**とよんでいます。

われわれが現在物を数えるときに使っているのは、もちろんこの十進法です。そしてこの十進法の便利なことは、もうだれでもが認めていることです。

以上のお話はひじょうに簡単でしたが、それでも昔の人たちが数の考えをみつけ、その便利な数え方を発見するのに、どんなに苦心したかは十分にわかっていただけたことと思います。

エジプトの数学

いままでお話してきましたことがらは、いま地球の上に生き残っている未開人たちが、どのようにして数を数えているかということでありました。そしてわれわれは、これらの未開人たちのしていることから、われわれの遠い遠い祖先たちもやはりこのようにして、次々に数の考えを進めてきたのだろうと、想像をしたわけでした。

こんどは、このようにして数の考えをみつけだした人類が、その文明が進むにつれて、どのようにして数学を作りあげていったかを調べてみましょう。

数学の起こりを調べるには、まず世界でいちばん早く文明の開けた国を調べなければならないわけですが、それはみなさんが歴史でごぞんじのように、エジプト、バビロニア、インド、中国の四つの国です。エジプトはナイル河、バビロニアはチグリス河とユーフラテス河、インドはガンジス河、そして中国は黄河というぐあいに、どの国もみんな大きな河のほとりに早くから文明が発達したのは、人間にとっても、動物にとっても、また植物にとっても水がたいせつなものであるからだということもごぞんじでしょう。

まずエジプトのお話から始めましょう。

エジプトのナイル河は、水源をその奥地に発して、さばくを縫って流れております。そして毎年雨期になると、おびただしい雨量をおし流しますので、そのたびに下流ははんらんします。しかしながら、それとどうじに、上流の肥えた土を下流に運びますので、ナイル河のほとりはそのために農業に適した土地となるのでした。ここに人類の文化がまず栄えたのも、まことにとうぜんのことでありました。

しかしこのナイル河の定期的なはんらんは、せっかく人々が作った田畠の区画をおし流してしまいます。したがって王様は、はんらんのために被害を受けた人民にたいして税金を減らしてやらなければならなかったでしょう。また人々は、おし流されてしまった土地の区画を引き直さなければならなかったでしょう。

こうして、税金の計算の必要などから算数が、土地測量の必要などから幾何学が、さかんに研究されるようになったのは、まことにとうぜんのことです。幾何学のことを英語では geometry《ジエオメトリー》 といいますが、geo《ジエオ》 は土地を意味し、metry《メトリー》 は測量を意味しているのは、まさに幾何学の起こりが土地測量にあったことを示しております。

また人々は、このナイル河の定期的はんらんの時期を、なるべく正確に知る必要にせまられます。これから、エジプトでは、天文学もさかんに研究されました。

さて世界の人々は、数千年も前に咲いたこのエジプト文化の華が、いったいどんなものであったかをひじょうに知りたがっておりました。

一七九八年に、英雄ナポレオンが大軍をひきいてエジプト遠征を試みたときのことでした。ナイル河の入口にあるロセッタという小さな町の付近で、廃墟《はいきょ》の跡を掘っていた一人のフランス工兵が、何かいちめんに奇妙な文字の彫りつけてある一つのふしぎな石を拾いました。ふつうの兵隊なら、なんだこんなものと捨ててしまうところでしたが、さいわいこのフランス工兵は、これはきっと古代エジプトの文字を彫りつけたものにちがいないと考えましたので、この石はだいじに戦利品のなかへ加えられました。しかしそののちフランス軍はまたイギリス軍に打ち破られましたので、このふしぎな石はイギリス軍の手に移り、現在ではロンドンの大英博物館の奥深くたいせつに保存されています。この石は、前にお話しましたように、最初ロセッタという町の付近で発見されましたので、現在では**ロセッタの石**とよばれています。

こうして、古代エジプトの文化を秘めた一片の石はみつけだされたのでしたが、そこに何が書かれてあるかは、なかなかわかりませんでした。

まず、イギリスの物理学者トーマス・ヤングは、このロセッタの石のなぞを解こうと、なん年も苦心を重ねましたが、やっと一〇〇字たらずしか読めなかったといわれています。そののちフランスの天才的な考古学者フランソワ・ジャンポリオンが、熱心にこのロセッタの石の研究を行ない、それから二〇年後には、とうとうこの世界のなぞを解いてしまいました。

この二人の学者の研究によりますと、このふしぎな彫り物というのは、じつは古いエジプトの象形文字といって、物の形をまねて書いた字であることがわかったのです。そのなかには、数字もありました。それは次のようなものでした。

まず1を表わすには|という記号を使います。これは棒を立てたものを表わすといわれています。そして2、3、4、……を表わすには、この棒をその数だけ並べて書きます。

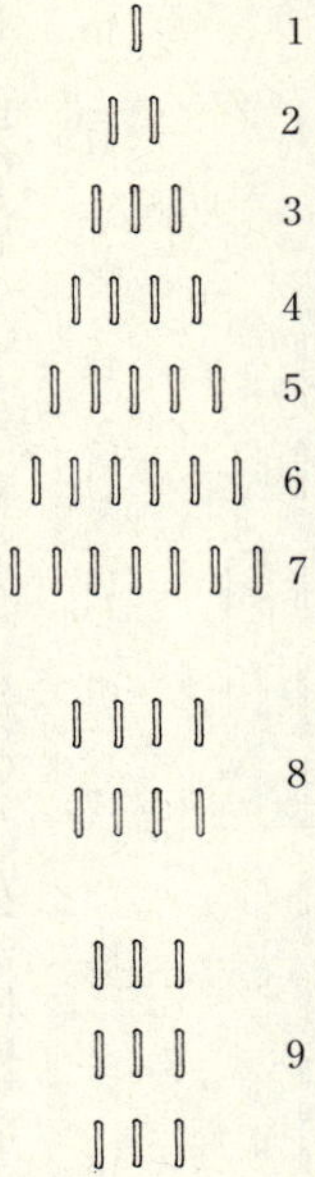

そして10になりますと、こんどは∩という記号を使います。そして、

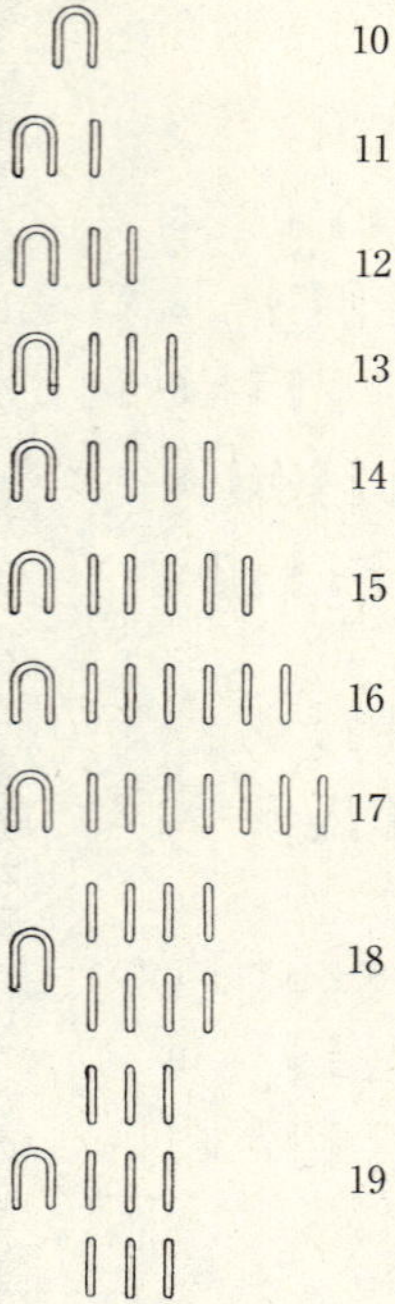

という調子ですすんでいきます。20から先は、∩という10を表わす記号を、その数だけ並べて書きます。つまり

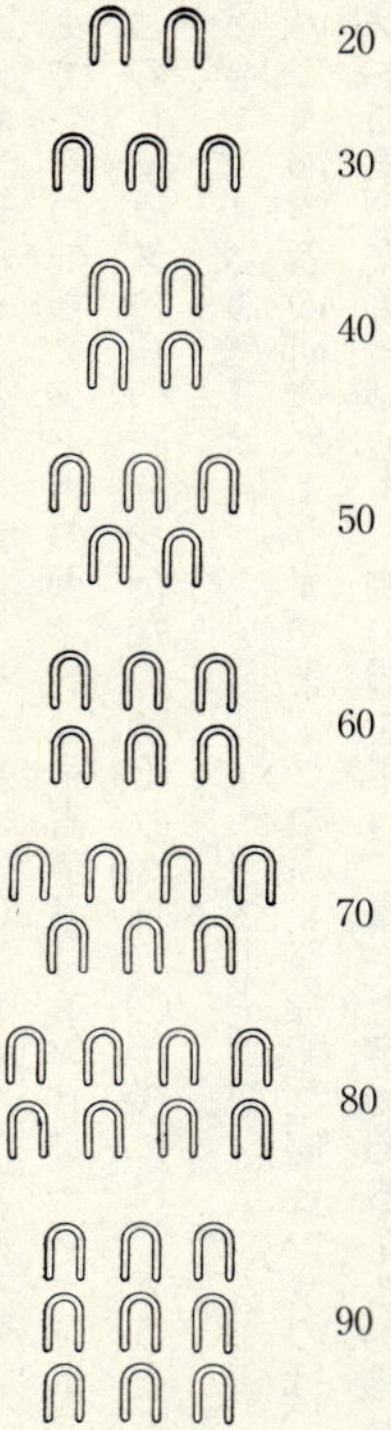

というぐあいです。

次に100になりますと、こんどは𓍢という記号を使います。そして200、300、……等は、前と同じように、𓍢という記号をその数だけ並べてこれを表わします。

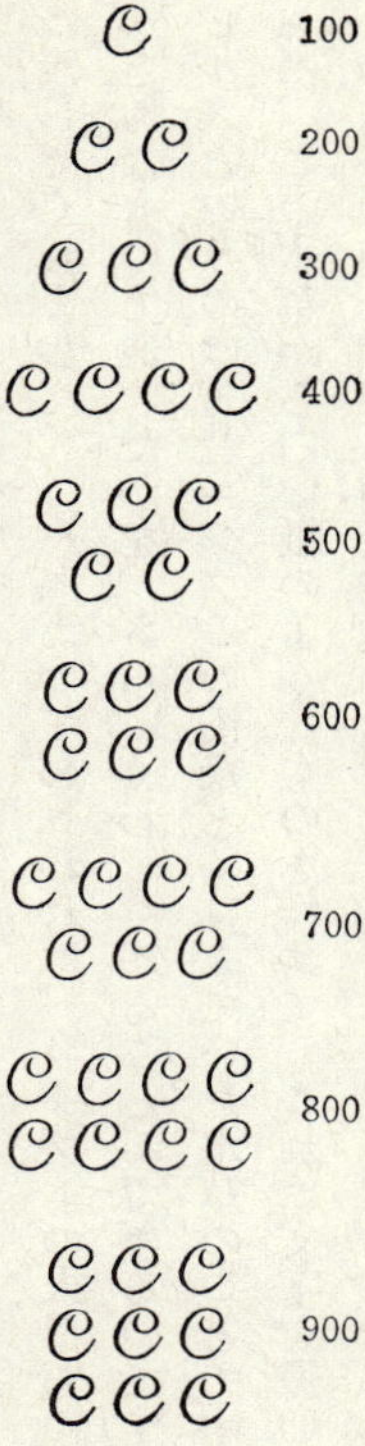

というぐあいです。

みなさんは、エジプトの人たちが、どんなふうにして数を表わしていたか、もうおわかりでしょう。つまり、エジプトの人たちは、数の数え方としては十進法を使っています。そして一けたあがるごとに、それぞれ新しい記号をつかっています。いまそれらの記号を左に書いてみましょう。

このうち、𓏺は棒を立てたところを、𓂭は人さし指を曲げたところを、𓆐はある種のさかなを（獣だという人もあります）、𓁨はあまり数が大きいので人が驚いているところを表わすことが知られていますが、そのほかの記号の起こりは、まだはっきり

1
10
100
1,000
10,000
100,000
1,000,000
10,000,000

とはわかっていません。

これらの記号を組み合わせて、数をいくつか書いておきますから、みなさんひとつ読んでみてください。（次ページ参照）

さてエジプトの人たちは、このロセッタの石のほかに、パピルスというものをわれわれに残してくれました。これによってわれわれは、エジプトの人たちのもっていた文化がどんなものであったかを、さらにくわしく知ることができるのです。

パピルスというのは、昔エジプトの沼などにはえていた水草のことです。エジプト人たちは、この水草から白い紙のようなものを作って、これに文字を書いておりました。この白い紙のようなものをやはり**パピルス**（papyrus）とよんでいますが、英語で紙を意味するペーパー（paper）ということばは、これから出ているといわれています。

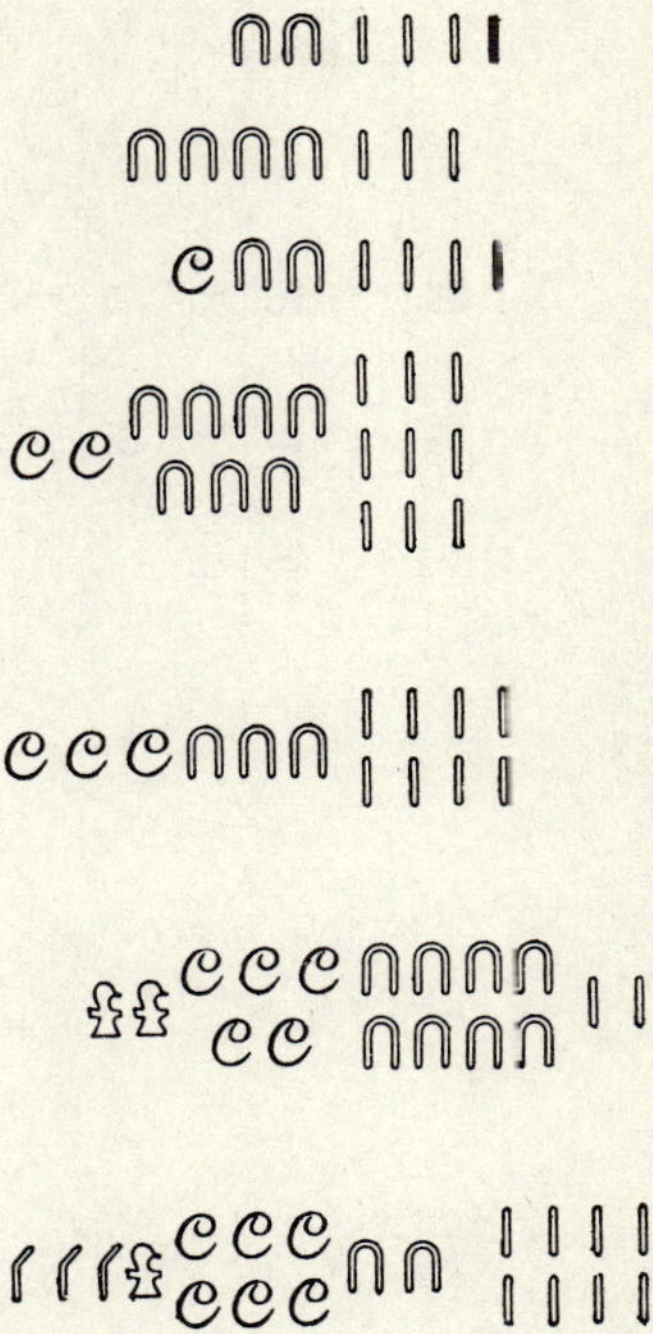

さて十九世紀のなかごろに、イギリスのヘンリー・リンドという人が、エジプトで手に入れたパピルスのなかに、世界で一ばん古い数学の書物がありました。これもいまは大英博物館にたいせつに保存されています。そして**リンド・パピルス**とよばれています。

このリンド・パピルスは、古代エジプトの坊さんの筆になったものと想像されていましたが、お坊さんだけがつかう字で書かれていましたので、その意味はなかなかわかりませんでした。

しかし、ドイツの考古学者アイゼンロールが、いろいろと苦心の結果、一八七七年にとうとうこのリンド・パピルスを読むことに成功しました。

それによりますと、このリンド・パピルスは、紀元前千数百年に、アーメスという坊さんが、それよりももっと古い記録をもとにして書いた数学の書物であることがわかりました。そのなかに書いてあったことがらを、二、三拾ってお話してみましょう。

まず、分子が2で、分母が3から99までの奇数である分数を、分子が1で分母がちがう分数の和に直す問題が全部解いてあります。たとえば、

$$\frac{2}{9}=\frac{1}{6}+\frac{1}{18}$$

$$\frac{2}{17}=\frac{1}{12}+\frac{1}{51}+\frac{1}{68}$$

$$\frac{2}{35}=\frac{1}{30}+\frac{1}{42}$$

$$\frac{2}{43}=\frac{1}{42}+\frac{1}{86}+\frac{1}{129}+\frac{1}{301}$$

$$\frac{2}{97}=\frac{1}{56}+\frac{1}{679}+\frac{1}{776}$$

といったぐあいです。分数の計算に自信のあるかたは、ひとつこれらの答があっているかどうかを試してみてください。

アーメスのパピルスには、残念ながら、どういうわけで分子が2ばかりの分数を考えたのか、どうしてこの表を作ったのかは、書いてありません。

アーメスのパピルスには、そのほか、加え算、引き算、掛け算、割り算などについてのいろいろの算数の問題、また代数の問題などがたくさん書いてあります。

算数ということばはみなさんきっとよくごぞんじでしょうが、代数ということばをごぞんじですか。たとえば、

ある数の二倍に四を加えたら一〇になった。ある数はいくらか。

というような問題を解くのに、代数では、そのある数をかりにx（エックス）で表わして、

$x\times2+4=10$

という式を作ります。この式の両がわから4を引きますと、

$x\times2=6$

となります。次にこの式の両がわを2で割って

$x=3$

としてある数を見つけ出しますが、これと同じ方法でパピルスには書いてあります。

さらに、

2, 5, 8, 11, 14, 17, 20, 23, 26, 29, ……

のように、ある数（このばあいは2）から始めてそれに次々と同じ数（このばあいは3）を加えて出てくる数の列のことを**等差数列**、また

1, 2, 4, 8, 16, 32, 64, 128, 256……

のように、ある数（このばあいは1）から始めてそれに次々と同じ数（このばあいは2）を掛けて出てくる数の列のことを**等比数列**とよびますが、この等差数列と等比数列の話もパピルスに出てきます。

こんどは、パピルスに出てくる幾何のお話をしてみましょう。

まずパピルスには、正方形、長方形、二等辺三角形、台形等の図形の面積の求め方

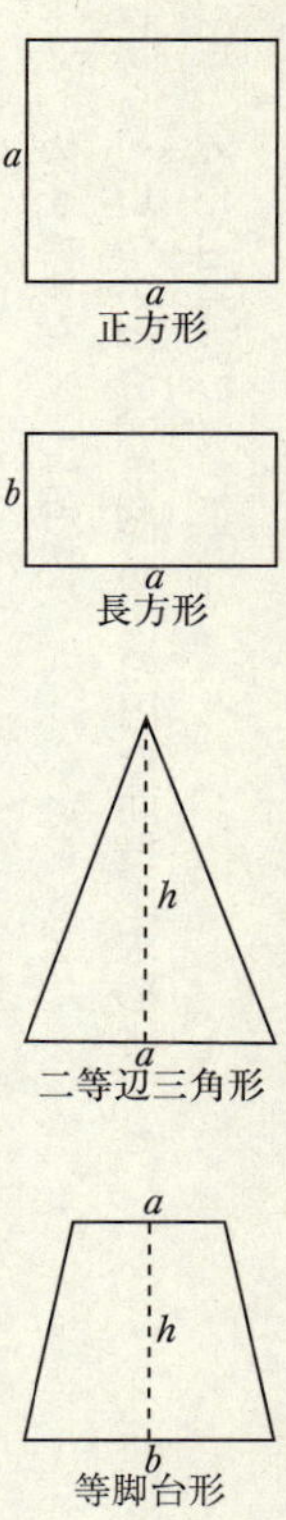

が書いてあります。ここに書いた図形、正方形、長方形、二等辺三角形、等脚台形等のことはおそらくみなさんもうごぞんじのことと思いますが、その面積の求め方をごぞんじでしょうか。正方形の一つの辺の長さをa（エイ）とすれば、正方形の面積S（エス）は

$$S=a\times a$$

で表わされます。長方形の二つの辺の長さをそれぞれaおよびb（ビー）としますと、長方形の面積Sは

$$S=a\times b$$

で表わされます。（二等辺）三角形の底辺の長さをaで高さをh（エイッチ）で表わしますと、その面積Sは

$$S=(a\times h)\div 2$$

で表わされます。最後に、(等脚)台形の上底の長さをaで、下底の長さをbで、その高さをhで表わしますと、その面積Sは

$$S=〔(a+b)\times h〕\div 2$$

で表わされます。

ここで二等辺三角形の二等辺ということばと、等脚台形の等脚ということばにかっこをつけましたのは、これらのことがらが、二等辺三角形または等脚台形でなくとも、一般的な三角形または台形にたいしてもあてはまるからです。

じつはこの二等辺三角形と等脚台形の面積につきましては、パピルスには違ったことが書いてあるのですが、私はこれを直した答を書いておきました。

その次にパピルスには、円の面積の求め方が書いてあります。半径がr(アール)の円の面積Sを求める公式をみなさんごぞんじですか。みなさんのごぞんじの公式は、おそらく、

$$S=r\times r\times(円周率)$$

でしょう。したがって、半径が1の円の面積を求めますと、

$$S=(円周率)$$

となります。

ところがパピルスには、半径が1の円の面積を求めるには、その直径2から、直径2の$\frac{1}{9}$、つまり$\frac{2}{9}$を引いた$\frac{16}{9}$を一辺の長さとする正方形の面積を求めればよい、と書いてあります。つまり

$$\frac{16}{9}\times\frac{16}{9}=\frac{256}{81}=3.1604\cdots\cdots$$

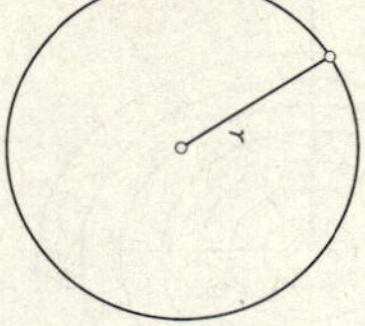

が答であると書いてあります。この答と、みなさんが知っておられる円周率の値、

3.141592……

と比べてみてください。古代エジプトの人たちは、かなりくわしく円周率の値を知っていたということができるでしょう。

さて、古代エジプトの人たちがわれわれに残してくれたもう一つのものに、古い建築物、とくにピラミッドがあります。

このピラミッドの底面は、その辺が正確に東西南北を向いている正方形であるといわれております。ではどうしてエジプトの人たちは、この東西南北をきめたのでしょうか。それはつぎのようにしたのではないかと想像されています。

いま地上に、一つの点を中心として、半径がいろいろの円を描いておきます。そし

て、これらの円の中心に一つの適当な長さの棒を立てておきます。そうしますと、天気の良い日には、この棒の影が地面にうつりますが、棒の影はもちろん、朝はひじょうに長く、お昼にいちばん短かく、夕方はまたひじょうに長くなります。ですから、この棒の影の長さを見ていて、この影の長さが一番短かくなったときの影の向きを引き延ばせば、これが南北の線となります。次に、午前中に一度、午後に一度、その影の長さが等しくなるときがありますから、そのときの影の先を結ぶ直線を考えますと、

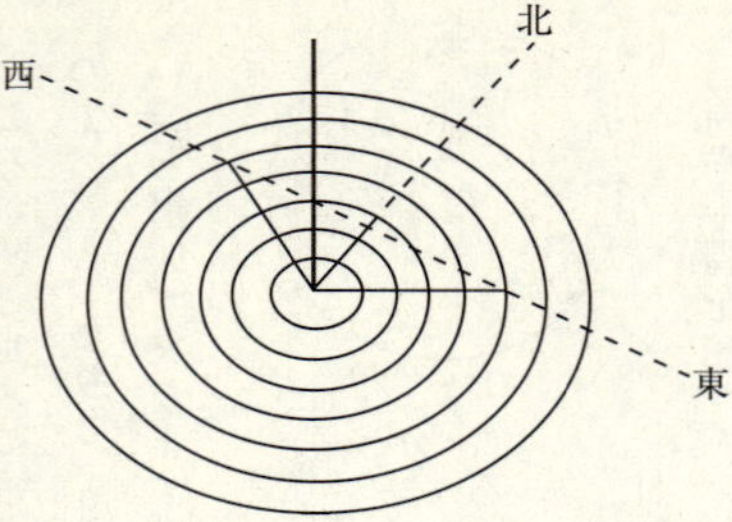

これは東西をさす線となります。エジプトの人たちは、このようにして東西、南北の線を引いたのであろうと考えられています。

このばあい、東西の線と、南北の線とは、たしかに直角になっているはずです。したがってこの方法で直角を描くことができます。しかしエジプトの人たちは、直角を作る次のようなうまい方法を知っていたといわれています。

まず一本のなわをとって、これを一二の等しい長さに区分して、その境め境めに結びめを作り、さらにその両端を結びますと、ここに等しい間隔に一二の結びめをもったな

わの輪ができます。次にその一つの結びめと、それから三つ目、および四つ目の結びめをもって、この輪をピンと張りますと、ここに、その三つの辺の長さがそれぞれ三、四、五である一つの三角形ができます。このとき、長さ五をもった辺と向かい合っている角がちょうど直角になります。これを利用してエジプト人たちは、直角を作ったといわれているのです。

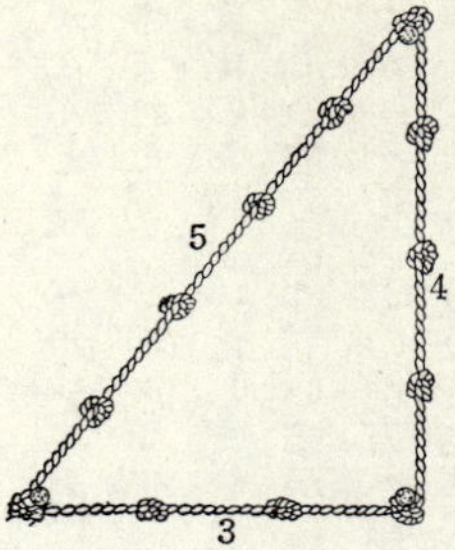

エジプトの建築家や技師たちは、このようになわをじょうずに使って設計や測量をしましたので、この人たちは**なわばり師**とよばれることがあります。

バビロニアの数学

こんどは、ペルシア湾にそそぐ二つの大河、チグリス河とユーフラテス河の間にはさまれた、メソポタミア（河の間の土地という意味だそうです）平原地方に発達した文化のお話をいたしましょう。

この地方には、いまから数千年も前に、スメリア人とよばれる人種が住んでいましたが、その後この地方へはまたバビロニア人とよばれる人種が移り住むようになり、スメリア人たちの文化は、バビロニア人たちへとうけつがれました。

さて、この地方に、ベッヒスタンとよばれる小さな町がありますが、その付近に、何やらふしぎな文字がいっぱい彫りつけてある大きな石が立っておりました。土地の人たちは、大昔の神様が彫ったものだとばかり思っておりました。

ところが、イギリスの軍人ヘンリー・ローリンソンは、この話を聞いて、これはきっと古代バビロニア人たちが彫りつけた古代文字にちがいないと思って、その研究を思いたちました。

しかしこの仕事はなかなかたいへんな仕事でした。ローリンソンの仕事は、なんどか中断されそうになりました。でもローリンソンは、最後までがんばり、とうとう十数年ののちにはこれに成功しました。ローリンソンの「ベッヒスタンの碑文に関する研究」が、ロンドンの王立アジア協会から出版されたのは、一八四六年のことでありました。

次に、ローリンソンのおかげで読むことのできるようになったバビロニアの数字を書いてみましょう。

まず1を表わすには、

𒁹

というくさびの形をした記号をつかいます。したがってこのバビロニアの文字は**くさび形文字**とよばれます。2から先の数を表わすには、この1を表わす記号𒁹をその数だけ並べて書きます。つまり次のとおりです。

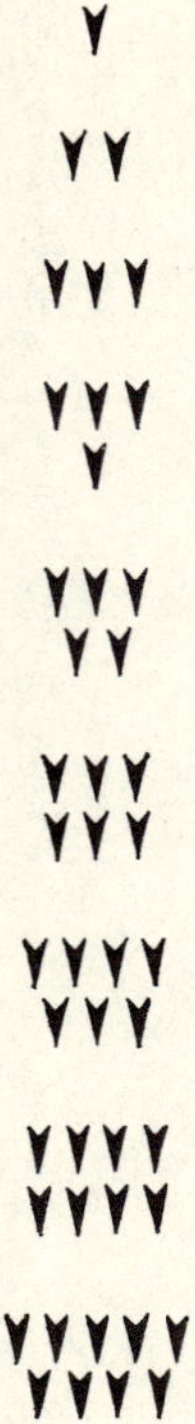

1 2 3 4 5 6 7 8 9

こうして9までできますと、こんどは10を表わすのに、1を表わす記号を横にした

をつかいます。そして、

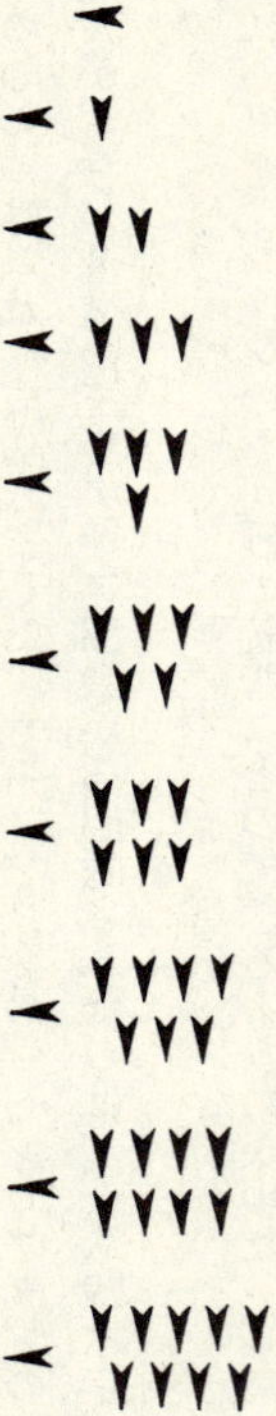

10 11 12 13 14 15 16 17 18 19

という調子で進んでいきます。そして20になりますと、10を表わす≺を二つ並べて、

とします。30以上も同じ調子で、

20 30 40 50 60 70 80 90

と続けます。こうして100になりますと、こんどは、

という記号を使います。この次は、200ですが、これは、いままでのようにを二つは書かずに

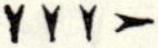

と書きます。こうして、

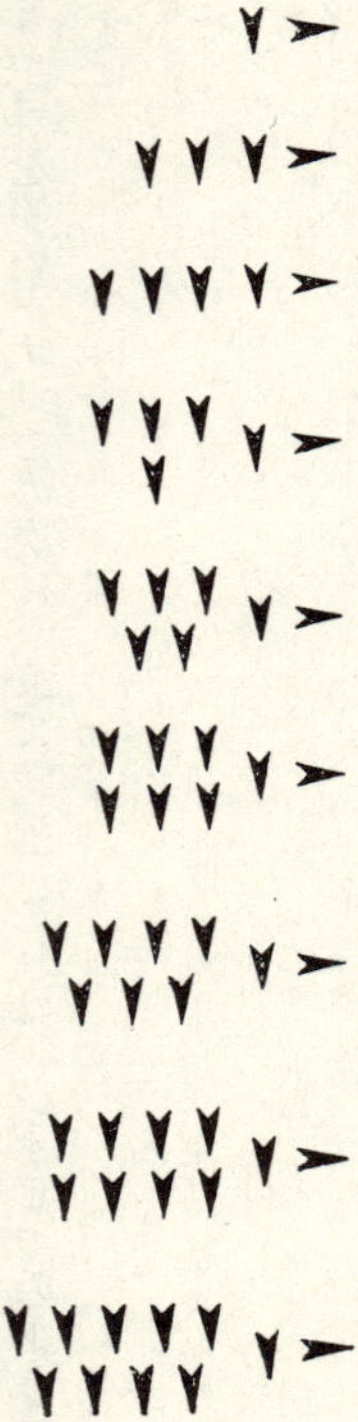

100
200
300
400
500
600
700
800
900

と続けます。そして次は1000ですが、これは、

と書きます。

では次に、このバビロニアのくさび形文字で数字を少し書いておきますから、みなさんひとつごじぶんで読んでみてください。

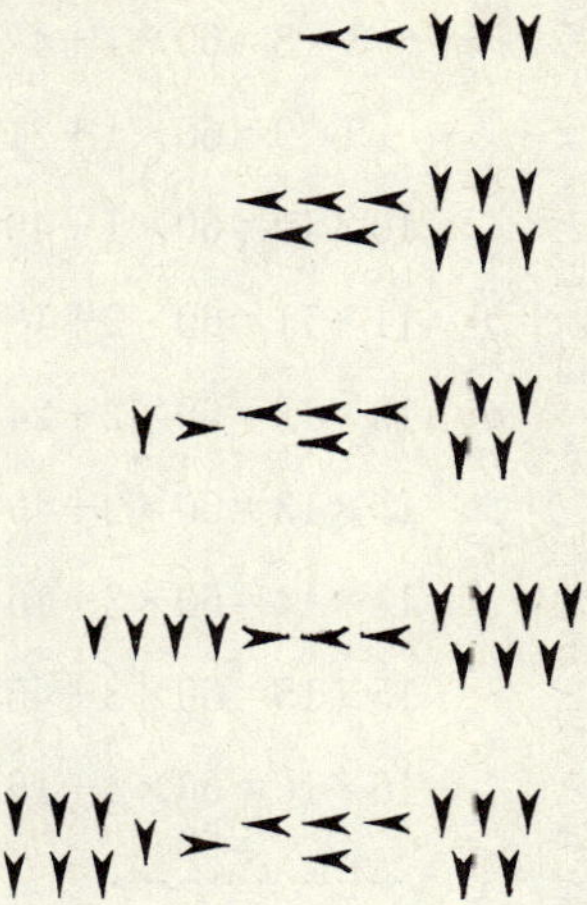

さて、バビロニアの人たちがわれわれに残してくれた書き物のなかには、次のようなふしぎな表がありました。すなわち、

1×1＝1

2×2＝4

3×3＝9

4×4＝16

5×5＝25

6×6＝36

7×7＝49

8×8＝1.4

9×9＝1.21

10×10＝1.40

11×11＝2.1

12×12＝2.24

13×13＝2.49

14×14＝3.16

15×15＝3.45

16×16＝4.16

…………

…………

という表です。どうですみなさん、意味がおわかりですか。7掛ける7まではわれわ

れの知っているとおりの答が書いてありますが、8掛ける8になると、64と書かないで、1.4と書いてあります。そうすると1.4の1は60を表わしていると考えなければなりません。次の9掛ける9も、81と書かないで、1.21と書いてあります。そうすると、1.21の1は、やはり60を表わすと考えなければなりません。次の10掛ける10も、100と書かないで、1.40と書いてありますから、この1もやはり60を表わしています。さらにその次の11掛ける11は121と書かないで、2.1と書いてあります。したがって、2.1の2は、60の2倍つまり120を表わしていると考えなければなりません。このように考えますと、前の表の8掛ける8から以下は、

$$8\times8=60\times1+4$$

$$9\times9=60\times1+21$$

$$10\times10=60\times1+40$$

$$11\times11=60\times2+1$$

$$12\times12=60\times2+24$$

$$13\times13=60\times2+49$$

$$14\times14=60\times3+16$$

$$15\times15=60\times3+45$$

$$16\times16=60\times4+16$$

………………

………………

の意味であることがわかります。

そうしますとこれは、六〇になるとひとまとめにする方法、つまり六十進法だとい

うことになります。十進法はわれわれの両手の指が一〇本あるところからおこったことはお話したとおりですが、この六十進法という奇妙な方法はいったい何からおこったのでしょう。これは次のように想像されています。

みなさんコンパスをとって、紙の上に一つの円を描いてください。次にコンパスの開きをそのままにして、円周上の一点から始めて、次々に半径に等しい長さを切りとってください。そうするとちょうど六回めにもとへもどるでしょう。したがってこの方法で円周がちょうど六等分されたわけです。こうして上のような図を描くことができます。

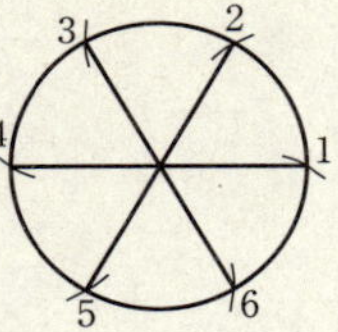

ところが、バビロニアの人たちが残した絵のなかに、ちょうどこの形をした車輪が描いてあるのです。これから、バビロニアの人たちは、円周を六等分する方法を知っていたということが想像されます。

そのうえ、バビロニアの人たちは、一年をちょうど三六〇日と考えていました。そこで、全円周を一年にたとえて、全円周は三六〇日を表わすと考えました。一周りを三六〇度ということは今日《こんにち》でも行われています。バビロニア人たちは、全円周、すなわち三六〇を、前の方法で六等分した六〇を、とくにたいせつな数と考えたので、この六〇で一区切りにする六十進法が考えだされたのであろうといわれています。

種々の記数法

私はいままで、未開人がどんなぐあいにして数を表わすか、古代エジプト人たちは数を表わすのにどんな記号を用いたか、また古代バビロニア人はどんな記号を用いていたかということをお話してきました。

昔の人たちの考えた数の書き表わし方、すなわち記数法は、そのほかにもいろいろありますから、そのうちのいくつかをお話してみましょう。

まず、ギリシアのアテネの碑文のなかに時々見いだされるものであって、いまから二千数百年も前に用いられていたといわれる、ギリシアの数字をお話いたしましょう。

1から4までは、ただ棒を並べて、

1	2	3	4
|	||	|||	||||

と表わします。次に5になりますと、5を意味するギリシア語の頭文字をとってΓ

（ガンマー）という記号を使います。そして、

Γ　5
ΓI　6
ΓII　7
ΓIII　8
ΓIIII　9

という調子で9まで進みます。そして10になりますと、やはり10を意味するギリシア語の頭文字をとって、Δ（デルター）という記号を使います。そして、10から19までは、

Δ　10
ΔI　11
ΔII　12
ΔIII　13
ΔIIII　14
ΔΓ　15
ΔΓI　16
ΔΓII　17
ΔΓIII　18
ΔΓIIII　19

というぐあいです。20から先もおわかりでしょう。

ΔΔ　20
ΔΔΔ　30
ΔΔΔΔ　40
ΔΔΔΔI　41
ΔΔΔΔII　42
ΔΔΔΔIII　43
…………
…………
ΔΔΔΔΓIIII　49

です。そして50になりますと、こんどは10が5つ、すなわちΔがΓと考えて𐅄という記号を使います。そして、

51　𐅄I
52　𐅄II
53　𐅄III
54　𐅄IIII
60　𐅄Δ
70　𐅄ΔΔ
80　𐅄ΔΔΔ
90　𐅄ΔΔΔΔ
99　𐅄ΔΔΔΔ𐅃IIII

と進んでいきます。こうして100になりますと、やはりギリシア語で100を意味することばの頭文字をとってH（イータ）でこれを表わします。そして

Η	100
ΗΙ	101
ΗΙΙ	102
ΗΙΙΙ	103
⋮	
ΗΔ	110
ΗΔΔ	120
ΗΔΔΔ	130
⋮	
Η𐅄	150
Η𐅄Δ	160
Η𐅄ΔΔ	170
⋮	
Η𐅄ΔΔΔΔΓΙΙΙΙ	199

と進んでいきます。その次はもちろん

ΗΗ	200
ΗΗΗ	300
ΗΗΗΗ	400

という調子ですが、500は100が5つ、すなわちHがΓと考えて、𐅅という記号を使います。そして、

𐅅　500
𐅅H　600
𐅅HH　700
𐅅HHH　800
𐅅HHHH　900

と進んで1000になりますと、こんどはX（カイ）という記号を使って

X　1000
XX　2000
XXX　3000
XXXX　4000

といって、次が

𐅆　5000
𐅆X　6000
𐅆XX　7000
𐅆XXX　8000
𐅆XXXX　9000

であることはもうおわかりでしょう。

その次は

M	10,000
MM	20,000
MMM	30,000
MMMM	40,000

というぐあいです。

では、このギリシアの数字を使って次にいくつか数を書いておきますから、みなさんひとつごじぶんで読んでみてください。

ΔΔΔΓII

𐅄ΔΔΓIIII

𐅄ΔΔΔΓI

HHΔΔΔΔIII

HHH𐅄ΓIIII

𐅅HΔΔIIII

𐅅HHHΔΔΓI

𐅅HH𐅄ΔΔΔΓIIII

XX𐅅H𐅄ΔΔIII

そののちギリシア人たちは、ギリシア語のアルファベットで数を表わすようになりました。次のとおりです。

α	アルファ	1
β	ビーター	2
γ	ガムマー	3
δ	デルター	4
ε	イプシロン	5
ς	シグマー	6
ξ	ジーター	7
η	イーター	8
θ	シーター	9
ι	イオーター	10
κ	カッパー	20
λ	ラムダー	30
μ	ミュー	40
ν	ニュー	50

しかしこれはあまりうまい方法とはいえません。これは記憶するのがめんどうですし、計算にも便利とはいえないからです。

次に、イタリア中部の古代人、エトルリア人が創ったものといわれている、ローマの数字をお話いたしましょう。これは現在時計の文字板に使われておりますし、また以前にもお話しましたから、みなさんはきっと、

1　Ⅰ
2　Ⅱ
3　Ⅲ
4　Ⅲ
5　Ⅴ
6　Ⅵ
7　Ⅶ
8　Ⅷ
9　Ⅸ
10　Ⅹ
11　Ⅺ
12　Ⅻ

まではもうごぞんじでしょう。ここに、ⅢはまたⅣとも書かれますが、これは右に書いてあるⅤから左に書いてあるⅠを引いたものという意味です。Ⅸも同様に、右に書いてあるⅩから左に書いてあるⅠを引いたものという意味でして、Ⅷと書いてもよいわけです。13から先は、

13　XIII
14　XIV
15　XV
16　XVI
17　XVII
18　XVIII
19　XIX

というぐあいに進めます。この調子で、

20	XX
21	XXI
22	XXII
23	XXIII
24	XXIV
25	XXV
26	XXVI
27	XXVII
28	XXVIII
29	XXIX
30	XXX
	………
	………
40	XXXX

と続けますが50になりますと、こんどは新しい記号Lを使います。したがって前の40はまた、

40	XL

とも書かれます。50から先は、

50	L
51	LI
52	LII
	……
	……
60	LX
70	LXX
80	LXXX
90	LXXXX

という調子ですが、100になるとこんどはCという記号を使います。したがって前の90

は

XC 90

とも書かれます。100から先は

C 100
CC 200
CCC 300
CCCC 400

ですが、その先の500を表わすには、Dという記号を使います。したがって前の400は

CD 400

とも書かれます。500から先は

D	500
DC	600
DCC	700
DCCC	800
DCCCC	900

という調子で1000になるとMという記号を使います。したがって前の900は

CM　900

とも書けるわけです。

では、ローマ数字で次に少し数《すう》を書いておきますから、みなさんひとつごじしんで読んでみてください。

XXXVIII

XLIII

LXXIX

LXXXVII

LXXXIX

CLXXXVII

CCCLXXIX

CDLXXXVI

DCCLXXXIX

MMDCCLXIV

いままでお話してきました数字は、いずれもただ数を書きとめておくだけにでしたらそうとう役にたちますが、これをつかって計算しようとすると、ずいぶん不便なものであります。たとえば最後にお話したローマの数字も、時計の文字板に書いておいて時刻を表わすのにはこれでもまにあいますが、これを使って計算をしようとするとたいへんです。まあみなさん

CCLXXVIII
+DCCCXCIX

という計算を、このローマ数字でやってみて下さい。たいへんでしょう。

それに比べれば、われわれがいま使っているアラビア数字1、2、3、4、5、6、7、8、9、0がどんなに便利なものであるかがよくおわかりでしょう。

このアラビア数字で前の問題を書いてみますと、

278
+899

となりますが、これならみなさんすぐできるでしょう。

それなら、いまわれわれが使っている便利な数字1、2、3、4、5、6、7、8、9、0は、いつ、どこで、だれが考えだしたものでしょうか。

それはずっと大昔に、インドで考えだされたものです。そしてそれがしだいに変わっていって、ついに今日《こんにち》われわれが使っているような形になってきたものです。ところがインドのお隣りにアラビアという国があります。この国の人々が、インドの国の人々と品物を交換するために、インドとアラビアとの間をなんども行ったり来たりしている間に、インドで発明されたこの数字がたいへん便利であることに気がついて、じぶんの国へ帰ってこれを広めましたので、アラビアの人々はいつのまにかみんながこのインドの数字を使うようになりました。ところが、アラビアの人たちが、インドへ行くのと同じように、イタリアやフランスの人たちもまたアラビアへよく商売をしに行ったものですが、これらの西洋人は、このアラビア人の使っている数字を見て、これは便利だというので、じぶんたちもこれを使いはじめました。そしてこの数字は西洋へも広がっていったのでした。

こういうわけで、1、2、3、4、5、6、7、8、9、0という数字は、ほんとうはインド数字ですのに、いまでは**アラビア数字**とよばれております。

この便利なアラビア数字（ほんとはインド数字ですね）も、始めからいまわれわれの使っているような便利な形をしていたわけではありません。いろいろな変化を受けたすえ、ついに今日われわれの使っているような便利な形になったのです。その移り

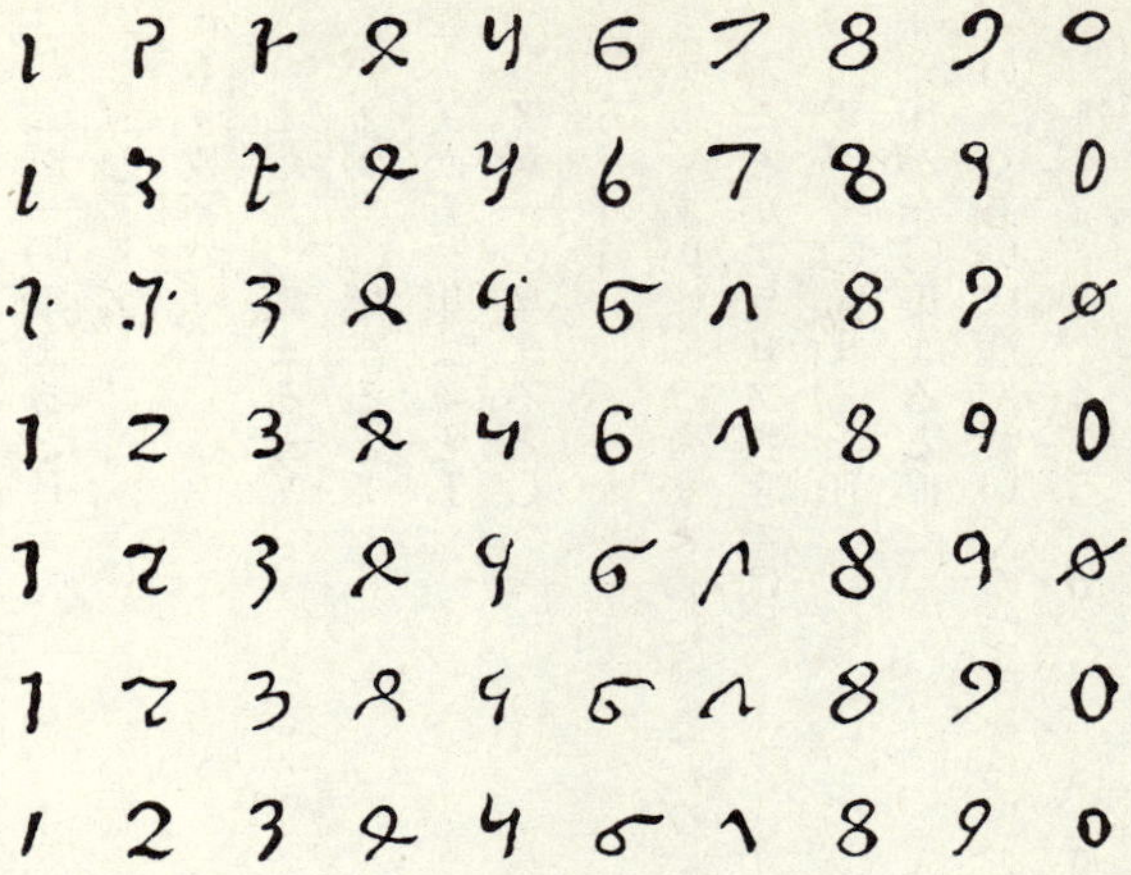

変わりのようすを表にしてみますと図のようになります。

さて、前にお話したいろいろな数字と、いまここにお話したアラビア数字との間には、とても大きな違いがあります。

それは、エジプトの数字では、

　𓏺が一〇集まると∩

　∩が一〇集まると𓍢

……

バビロニアの数字では、

　𒁹が一〇集まると𒌋

　𒌋が一〇集まると𒁹𒌋

……

ギリシア数字では、

　Iが五つ集まるとΓ

　Iが一〇集まるとΔ

Δが五つ集まると𐅄

Δが一〇集まるとH

…………

ローマ数字では、

Iが五つ集まるとV

Iが一〇集まるとX

Xが五つ集まるとL

Xが一〇集まるとC

…………

というぐあいに、ひとまとめにするたびに新しい記号を作っては進んでいきます。

ところがアラビア数字では、

1が一〇集まると10

10が一〇集まると100

というぐあいに進んでいくのですから、どこまでいっても、

1、2、3、4、5、6、7、8、9、0

という一〇個の数字だけでまにあうのでして、これ以上の新しい記号を作る必要はお

こってまいりません。これがアラビア数字で数を書くときのうまい点です。

ではどうしてこううまくいくのでしょうか。みなさんおわかりでしょう。それは0という記号のおかげです。

では0は何を表わしているのでしょう。何もないこと、そうです、何もないということを表わしています。しかし、ただ何もないということを表わすだけの記号でしたら、これはじつはバビロニアにもありました。つまり

0

というのがそうです。

しかしこのアラビア数字の0は、ただ何もない、ということではなくて、もっと深い意味をもっているのです。たとえば、

10

に書いてある0の意味を考えてみましょう。

この0の意味をはっきり知るためには、この0を取りさってしまえば、どうなるか

をみるとよくわかります。0を取りさりますと、

1

となってしまいます、これは一です。ところがわれわれの表わしたいのは、一ではなくて一〇です。この一〇を表わしたいから、われわれは1の右に0を書いて

10

としているのです。このように0が書いてありますと、1という数字は右から二ばんめの数字になります。

ところがわれわれは、一ばん右の数字は一の位を、右から二ばんめの数字は一〇の位を表わすものと約束しているのです。したがって

10

と書けば、一の位のところは空位で、一〇の位のところに1があることを示しているのですから、けっきょく一〇という数を表わしていることになるのです。0の重要な役割がおわかりになったことと思います。

そのあと

11　12　13　14　15　16　17　18　19

と続きますが、ここでも右の数字は一位を、右から二ばんめの数字は一〇位を表わすという、いわゆる位どりの法則がここに使われております。

次に

20

ときますが、これも一の位が空位で、一〇の位が二であることを表わしているわけです。

307

などと書いたばあいには、一位の数が7、一〇位が空位、一〇〇の位の数が3であることを表わしているということも、もう申しあげるまでもないことと思います。

このように、われわれの記数法にとってなくてはならない、0という記号の発見は、インドの人たちの大きなてがらといわなければなりません。

ターレス

こんどは、いままでにお話したようにして始まった数学が、どのようにして、いまみなさんが学校で習っておられるような数学、つまりみなさんが小学校、中学校、高等学校、大学で習うようなりっぱな数学になったか、をお知らせするために、昔からいままでこの数学の発達のために努力してきた幾人かの偉い数学者たちのお話をしようと思います。

まずギリシア数学の開祖、比例の神様、といわれるギリシア七賢人の一人ターレスについてお話をしましょう。

ターレスはいまから二六〇〇年ほど前にギリシアのミレトスという町に生まれました。この人は小さいときには商店の小僧などをしていたのですが、少し大きくなってから、商売上の用事のために、あるとき地中海を渡ってエジプトへ行きました。若いターレスにとってエジプトの風物は、何から何まで珍らしいものばかりでした。しば

らくエジプトにとどまっている間にターレスは、あるお寺のお坊さんと仲良しになり、このお坊さんから、

「このお寺には世界にまたとない珍らしい本がたいせつにしまってあるが、これは絶対に秘密の本でだれにも見せない」

ということを聞きました。見せないといわれると見たいのが人情です。これを聞いたターレスは、この本が見たくてたまらなくなりました。そしてなん回となく、なん十回となく、なん百回となく根気よくこの本を見せてくれるようにと頼みましたので、お坊さんもとうとう根負けがして、ほかならぬターレスの頼みだからといって、この本をそっとターレスに貸してくれました。この秘密の本というのは、じつは数学や天文学のことを書いた本であったのです。うちょうてんになった若いターレスは、この本を夜となく昼となく読みつづけて、とうとうなかに書いてあることを全部覚えてしまいました。

それからは数学と天文学とがおもしろくてたまらなくなって、商売のことなどは忘れてしまい熱心に勉強しましたので、ついにターレスは世界で最初の大数学者になってしまいました。

ターレスは、世界で最初に比例ということを考えた人として有名です。ターレスは

比例ということをどうして考えついて、どんなぐあいにこれを利用したのかといいますと、これはピラミッドの高さを測ることから考えだしたことなのです。

ピラミッドのことをごぞんじですか。このピラミッドはいまでもエジプトの名物として、旅行者の目を神秘の色にみはらせてくれています。

昔エジプトの人々は、

「人は死んでもその魂はけっしてなくなるものではない。いつかはきっとそのからだにまたもどってくるものだ」

とかたく信じていましたので、王様がなくなった時には、王様の魂がまたそのからだに帰ってこられるまでというつもりで、王様の遺骸《いがい》をミイラにして、りっぱな石の塔を建てて、そのなかにたいせつにしまっておきました。この石の塔がすなわちピラミッドなのです。つまりピラミッドは王様のお墓というわけです。ピラミッドのそばに、頭は人の顔、胴はししの形、尾はへびの形をした石の像が建てられてあるのをごぞんじでしょう。これはスフィンクスといって、この王様のお墓を守るために建てられたものです。

ではいったいどんな方法でターレスは、この高い高いピラミッドの高さを測ったのでしょうか。その方法を、たとえばいま高い木の高さを測ることとしてお話してみま

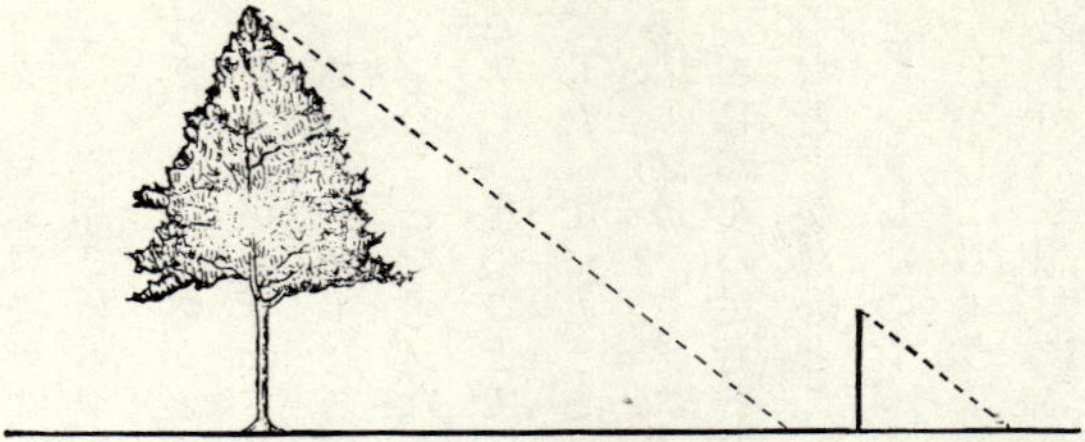

しょう。まず天気の良い日に、測ろうとする木の影の長さを測ります。それと同時に何か棒きれのようなものを持ってきて、これをまっすぐに地上に立てて、その棒の長さと影の長さとを測ります。すると木の高さと、その木の影の長さと、棒の長さと、その棒の影の長さとの間には、

$$\text{（木の高さ）：（木の影の長さ）}$$
$$=\text{（棒の長さ）：（棒の影の長さ）}$$

という関係がありますから、

$$\text{（木の高さ）}=\frac{\text{（木の影の長さ）}\times\text{（棒の長さ）}}{\text{（棒の影の長さ）}}$$

となるわけです。したがって木の高さは、この式から計算されるわけです。

このようにしてターレスは、棒きれ一本であの高いピラミッドの高さを測りましたので、エジプトの王様アマシスも、ター

レスの数学の偉大さにすっかり驚いてしまったということです。

ターレスはこのようにりっぱな数学者でありましたが、それとどうじにまたすぐれた天文学者でもあったのです。天文学というのは、星のことを研究する学問のことですが、ターレスがどんなにいっしょうけんめいに星を研究したかを示す一例としてこんなお話があります。

ある夕方ターレスは、晴れわたった空にきらきらと輝くきれいな星をながめて、天文学のことを考えながら散歩していました。ターレスの心は、頭の上にきらめきわたる美しい星のことでいっぱいでしたので、足もとのことにはいっこう気がつきませんでした。で、とうとう道ばたのみぞのなかに落ちこんでしまいました。やっとみぞからはいあがってきたターレスに向って、近所のおばあさんが、

「ごじぶんの足もとのこともよくわからないのに、あなたはまあ、どうしてあんなに手もとどかないところにある星のことをよく知っておられるんでしょう」

といいましたので、さすがのターレスもこれには一本まいったということです。

しかしこのように熱心に天文学を研究したターレスは、ついにその当時の人々にはとうてい夢想だにされなかった、日蝕《にっしょく》を予言するというむつかしい問題までも解いてしまいました。

日蝕というのはごぞんじでしょうが、太陽が月のうしろにかくれてしまって、真昼でありながら太陽がその光を失ってしまうことです。

ターレスはいまから二千五百四十なん年も前に、

「(紀元前五八五年)五月二十八日には、真昼であるのにかならず太陽は光を失い、急に夜が訪れ、星が輝くであろう」

と、世間の人々のきもったまをひっくりかえすようなことをいいだしたのです。ターレスは、もちろんひじょうに詳しい計算をしたあとで自信をもっていいだしたのでしたが、これを聞いた人たちは、ターレスは狂人だ、狂人だ、といって、だれひとりこれを信じようとはしませんでした。

ところがどうでしょう。ちょうどその五月二十八日に、だんだんと太陽がすみから欠けだして、ついには夜のようにすっかりまっくらになって、空には星が輝きだしたではありませんか。いままでターレスを狂人だ狂人だといっていた人々も、いまさらながらターレスの偉大な天文学の知識に感嘆してしまいました。

ちょうどこの日に、リディアという国と、メディアという国とは、戦争のまっさいちゅうで大激戦を展開していましたが、ターレスの予言どおりにいままで輝いていた太陽が急に見えなくなってしまったので、

「これはきっと、われわれがこのように長く戦争を続けていることが、神様のお怒りに触れたにちがいない。早く戦争をやめて神様におわびをしなければならない」といってすぐ戦争をやめて帰り、兵士たちはいずれもターレスの予言をほめそやしたそうです。

ターレスのお話としては、もう一つ有名なお話があります。

それはまだターレスが商人であったころのことです。ある店から塩の注文を受け取りましたので、ターレスは塩をろばの背中に乗せて出発しました。しばらく行くと河がありましたが、いつものとおりなんの気なしに河を渡りはじめました。ところがちょうど河のまんなかにさしかかったとき、ろばがどうしたはずみか石につまずいて、河のなかへころがってしまいました。それでもろばはやっと起き上がることができましたが、背中の塩は水にとけて少なくなってしまいました。したがってターレスはたいへんな損をしてしまいましたが、まさかろばをつかまえておこるわけにもいきません。いっぽうろばのほうは大喜びでした。

河のなかでつまずいたときにはびっくりしましたけれど、起き上がってみると、荷物がたいへん軽くなっていたのですもの。それからというものは、ろばは荷物を軽くするにはつまずくにかぎるという、まことにずるい考えをおこしました。そして河を渡るときにはいつでも、わざとつまずくという悪いくせをおぼえてしまいました。
ところがあるときろばが、れいによってつまずいたまねをして、さて起き上がってみると、これはどうしたことでしょう。荷物は前のなん倍も重くなっていました。これはターレスが、このろばの悪いくせを直そうと思って、塩の代りにぼろきれと海綿とを背負わせてあったのです。これにこりてろばは、それ以来もうずるいことを考えなくなったということです。

さて次に、ターレスが発見したといわれている数学的なことがらを少しくお話してみたいと思います。

それにはまず、数学でよく使うことばを、少しみなさんに知っておいていただかなければなりません。

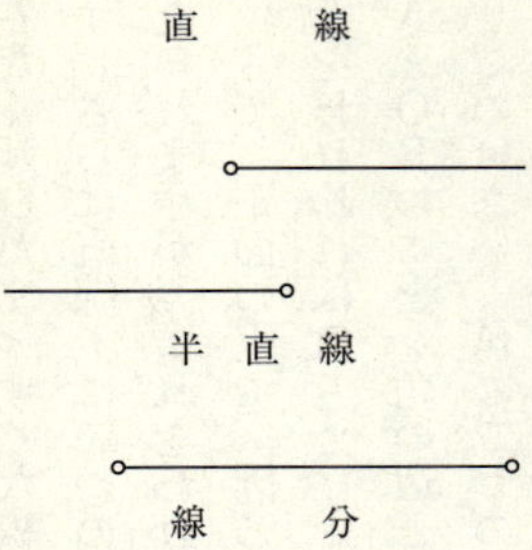

まず**直線**ということばはもうごぞんじのことと思います。エジプトのなわばり師たちは、なわをピンと張って直線を作っておりました。しかしふつう直線といいますと、それは両方へ限りなく延びた、まっすぐな線のことです。この直線の上に一つの点をとって直線を二つの部分に分けますと、ここに一方には端があるが、他方は限

りなく延びたまっすぐな線が得られます。このおのおのをわれわれは**半直線**とよびます。さらに直線上に二つの点をとりますと、それら二点の間にある直線の一部分が考えられますが、これをわれわれは**線分**とよびます。

さて、平面の上で、同じ点Oを端とする二つの半直線OAとOBとが作る図形のことをわれわれは**角**とよびます。そしてこのばあいの点Oのことを角の**頂点**、半直線OAとOBのことを角の**辺**とよびます。

このばあい、角の二つの辺OAとOBとはある開きを作りますが、この開きの大きさのことを**角の大きさ**といって、

∠AOB

で表わすのがふつうです。

さて、角のなかには、その二つの辺OAとOBとが、頂点Oの両側へきて一直線になっているものがあります。このような角をわれわれは**平角**とよびます。そしてこの平角のちょうど半分をわれわれは**直角**とよびます。

直角のことを英語では Right《ライト》 angle《アングル》 といいますので、直角を表わすのにふつう

∠R

という記号をつかいます。したがって平角は

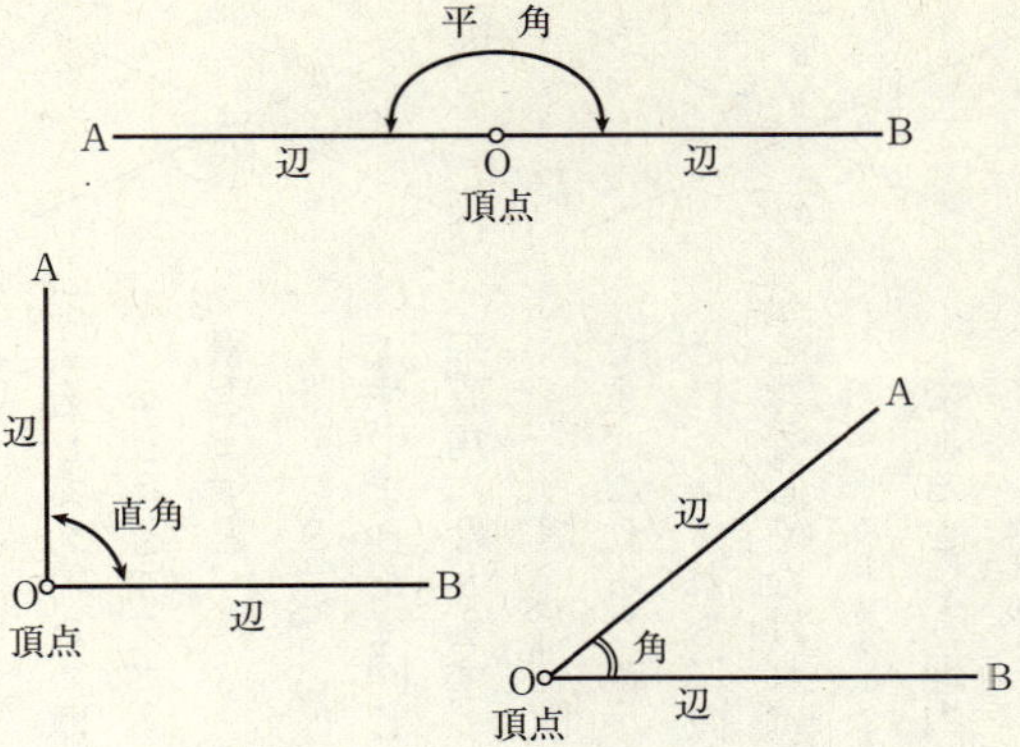

$2\angle R$ です。

さて、平面の上で二つの直線ABとCDが点Oで交わっていますと、ここに点Oを頂点とし、OA、OB、OC、ODを辺とする四つの角AOC、COB、BOD、DOAができます。このうち、角AOCと角BOD、角COBと角DOAをたがいに**対頂角**であるといいます。

さてターレスは、

対頂角は相等しい。

ということを発見して、その理由を明らかにしました。

いま記号の便宜上、二つの直線が交わってできる四つの角の大きさを、それぞれ上図のようにα、β、γ、δで表わすことにしますと、ターレスの発見したのは、

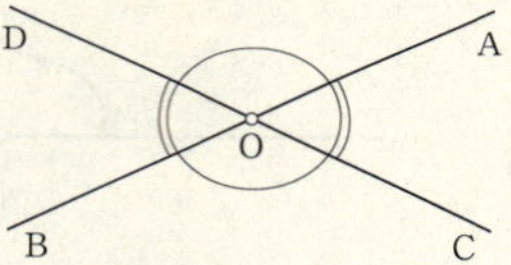

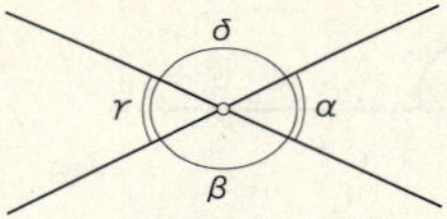

$$\alpha=\gamma,\quad \beta=\delta$$

ということです。

そしてターレスはその理由を、次のように明らかにしました。αとβを加えますと、平角、つまり二直角になります。これを式に書きますと、

$$\alpha+\beta=2\angle R$$

です。まったく同じようにγとβを加えますと、やはり平角、つまり二直角になります。これを式に書きますと、

$$\gamma+\beta=2\angle R$$

です。これらの式から、αにβを加えたものと、γにβを加えたものとは、いずれも二直角で等しいことがわかります。したがってαとγとは等しくなければなりません。これで、

$$\alpha=\gamma$$

であるという理由は明らかになりました。

$$\beta=\delta$$

であるという理由も、同じようにして明らかにすることができます。

いまお話しました

対頂角は相等しい。

のように、あることがらの正しいことを主張するものを、われわれは**定理**とよびます。そしてその理由を明らかにすることをわれわれはこの定理を**証明**するといいます。

ターレスは、「対頂角は相等しい」という定理を発見して、これを証明したのです。このようにターレスは、エジプトの人たちがいろいろな経験からこれは正しいとうすうす思っていたことを、はっきりと定理の形にのべて、これを証明した世界で最初の人だといわれています。

もう少しターレスの発見した定理のお話をしてみましょう。

一直線上にない三つの点A、B、Cがありますと、われわれはAとB、BとC、CとAとをそれぞれ線分で結ぶことができます。

こうしてできあがった図形をわれわれは**三角形**ABCとよんで、それを表わすのに、

△ABC

という記号を使います。そしてそれを作っている点A、B、Cを三角形の**頂点**、線分BC、CA、ABを三角形の**辺**、角BAC、角CBA、角ACBを三角形の**内角**とよびます。

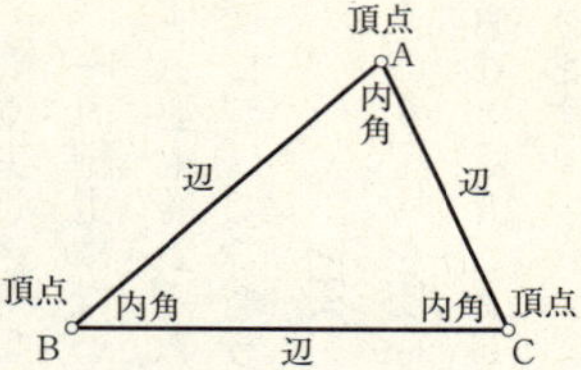

三角形にもいろいろな形をしたものがあります。いま、その二つの辺の長さが等しいような三角形、たとえば、辺ＡＢの長さと辺ＡＣの長さが等しいような三角形のことをわれわれは**二等辺三角形**とよび、このばあいには残りの辺ＢＣをとくに**底辺**とよびます。また角ＡＢＣと角ＡＣＢをその**底角**とよびます。

とくに三つの辺の長さが全部等しくなった三角形のことを**正三角形**とよぶことは、もう申しあげるまでもなく、きっとみなさんごぞんじでしょう。

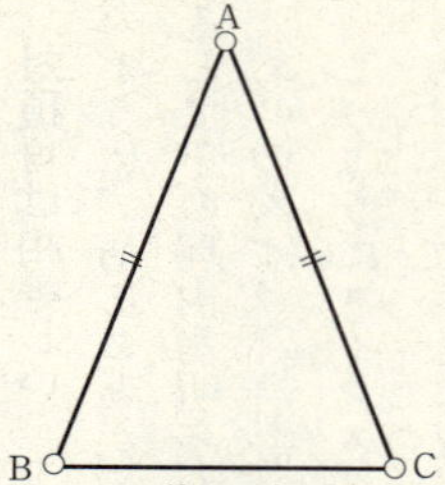

二等辺三角形

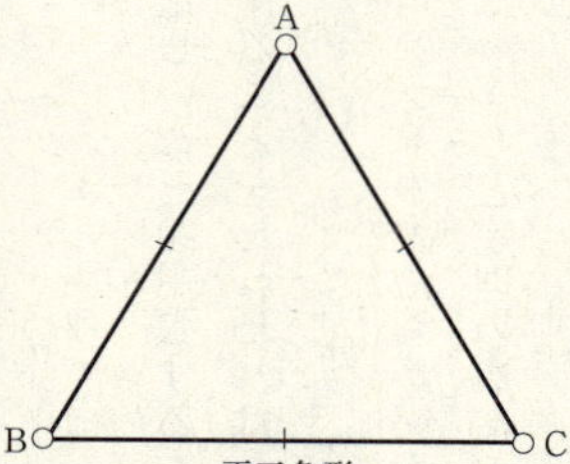

正三角形

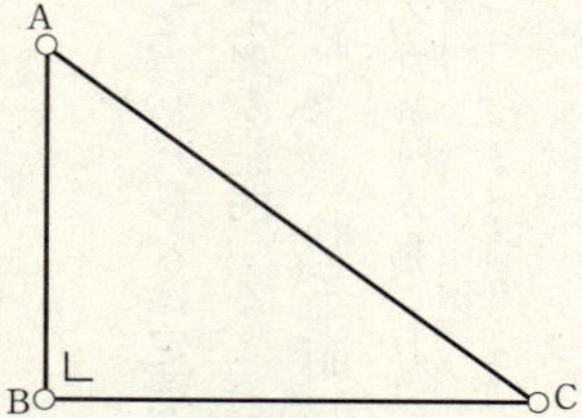

直角三角形

　また、三角形の一つの内角が、ちょうど直角になっているばあいがあります。このときには、この三角形を**直角三角形**とよんで、その直角の頂点を**直角頂**、その直角頂と向かい合っている辺のことを**斜辺**とよびます。

　さてターレスは、さらに

二等辺三角形の二つの底角は相等しい。

という定理を発見してこれを証明しました。

　この定理の内容を左の図で申しますと、

三角形ＡＢＣにおいて、辺ＡＢと辺ＡＣの長さが相等しければ、内角ＡＢＣと内角ＡＣＢも相等しい。

となります。

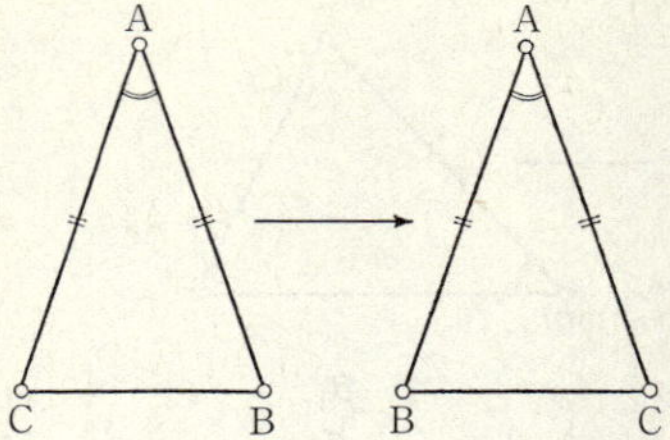

　この定理は次のように証明されます。いま考えている図の右側の三角形ＡＢＣを裏がえしたものを考えますと、図の左側にあるような三角形ＡＣＢが得られます。これは前の三角形の上に、ＡＣがＡＢに、ＡＢがＡＣに重なるようにおけるはずです。したがって角ＡＣＢが角ＡＢＣに重なることになりますから、これでこれら二つの底角の等しいことは証明さ

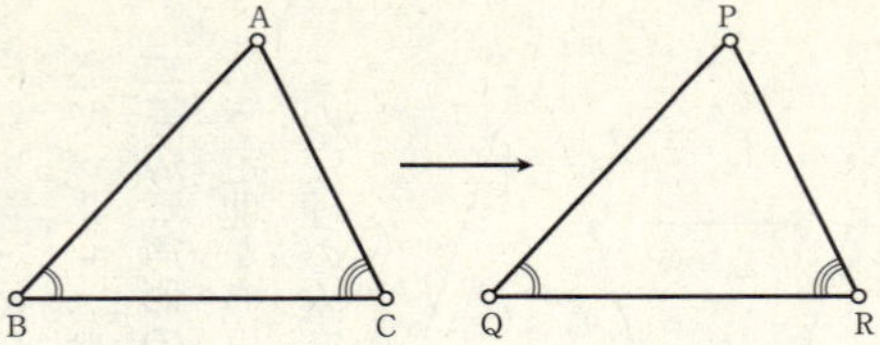

れたわけです。

最後にもう一つターレスの発見した定理をお話しましょう。それは、

二つの三角形があって、その一つの辺と、その辺の両端にある内角とがたがいにそれぞれ相等しいならば、これら二つの三角形は、まったく重ねることができる。

という定理です。まったく重ねてしまうことのできる二つの図形をわれわれは合同な図形とよびますが、このことばを使いますと、このターレスの定理は、

二つの三角形において、一辺とその両端の内角とがそれぞれ相等しければ、二つの三角形は合同である。

ともいえます。これを上の図でいいなおしますと、

三角形ABCと三角形PQRとにおいて、辺BCと辺QRは等しく、角ABCと角PQRは等しく、しかも角ACBと角PRQが等しければ、三角形ABCと三角形PQRとは合同である。

となります。

この定理の証明も、じっさいに二つの三角形を重ねてみればよいのです。まず辺BCが辺QRに重なって、かつ頂点AとPとがその同じ側にくるように重ねてみます。辺BCの長さと辺QRの長さは等しいのですから、これはぴったり重なります。辺BCと辺QRとが重なりますと、角ABCと角PQRとは等しいのですから、辺ABは辺PQに重なります。まったく同じ理由で、辺ACは辺PRに重なります。したがって頂点Aと頂点Pとも重なるわけです。これで三角形ABCと三角形PQRとは全部ぴったり重なってしまいました。つまり三角形ABCと三角形PQRとは合同となってターレスの定理は証明されたことになります。

ターレスは、この定理を使って、海岸から海の上の船までの距離を測ったといわれています。それは次のようにしたのです。

まず海岸に、二つの点BとCを定《き》めておきます。次に点Bと点Cから海の上の船Aをながめて、角CBAと角BCAとを測定します。そうしますと、三角形ABCの辺BCの長さと、角CBAと角BCAの大きさがわかったわけですから、これとまったく合同な三角形を、陸の上に描くことができます。こうしてたとえばABの長さを知りうるのです。

たとえば次ページの図のように、角CBAに等しく角CBD、角BCAに等しく角

ＢＣＤをとって点Ｄを定《き》めますと、三角形ＡＢＣと三角形ＤＢＣとは合同ですから、ＡＢの長さとＤＢの長さは等しくなります。したがって、陸の上の一点Ｂから海の上の一点Ａまでの距離は、陸の上の一点Ｂからやはり陸の上の一点Ｄまでの距離で測られるわけです。

このようにターレスは、理論的な学問をじっさいに応用した点でも最初の人であるといわれています。

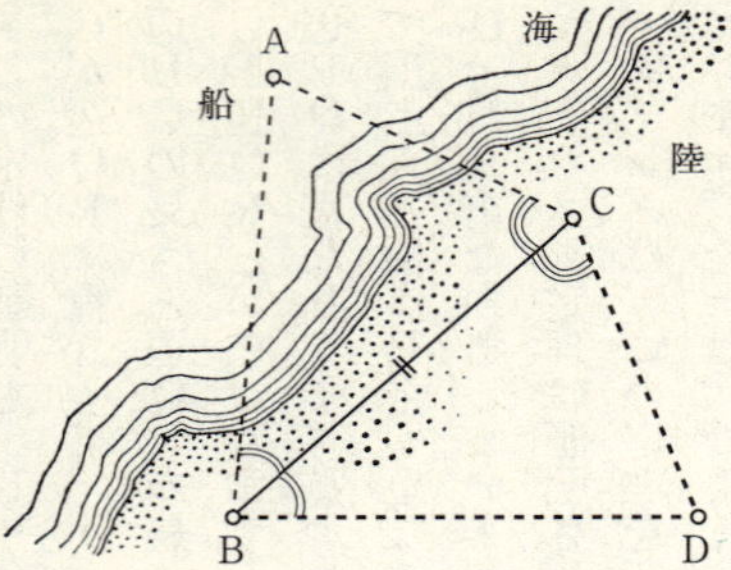

ピタゴラス

前に、エジプトのなわばり師たちは、三つの辺の長さがそれぞれ3、4、5になるような三角形を作れば、長さ5の辺に対する内角は、ちょうど直角になることを知っていたとお話しました。

したがってまた、この直角をはさむ二辺の長さがそれぞれ3、4の割合である直角三角形を作れば、その斜辺の長さはちょうど5の割合になります。

ところがこの3、4、5という三つの数の間には、おもしろい関係があります。すなわち、

$$3 \times 3 + 4 \times 4 = 5 \times 5$$

という関係です。数学では、同じ数、たとえばaを二度かけることを、aを二乗するといって、a^2という記号で表わすのがふつうです。したがって、前のことは、次のようにも書けます。

$$3^2+4^2=5^2$$

ところが、こんどは、直角をはさむ二辺の長さがそれぞれ5、12の割合であるような直角三角形を描きますと、その斜辺の長さはちょうど13の割合になります。このときにも、5、12、13という三つの数の間には、やはり、

$$5^2+12^2=13^2$$

という関係があります。

このように、

直角をはさむ二辺の長さをそれぞれa、bで、斜辺の長さをcで表わせば、三つの数a、b、cの間には、いつでも、

$$a^2+b^2=c^2$$

という関係がある。

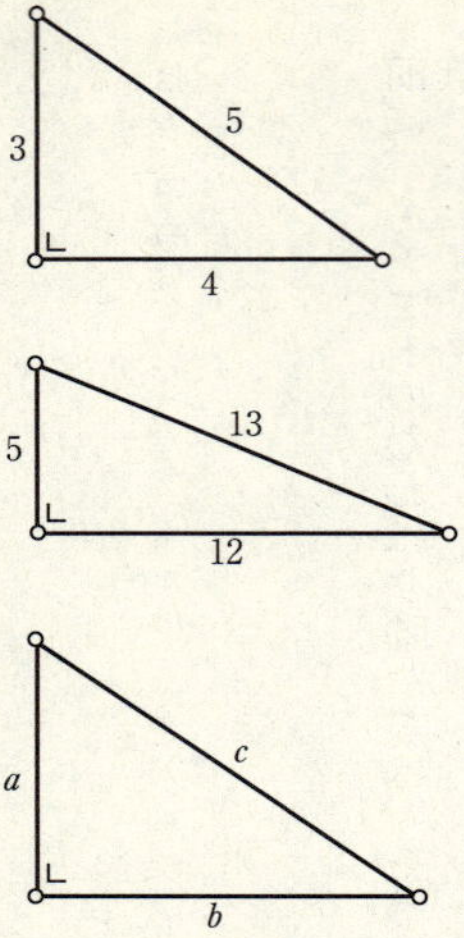

のです。この定理のことを、**ピタゴラスの定理**といいます。この定理は、おそらくみなさんが中学校で習われる定理ですが、どんなむずかしい数学のなかへでも出てくる定理で、おそらく世

界じゅうで一番有名な定理でしょう。

この定理を発見して、どうしてそうなるのかを説き明かした、すなわち証明したのが、これからお話しようとするピタゴラスなのです。

ピタゴラスがこの定理を発見したときは、あまりのうれしさに、

「じぶんがこの定理を発見できたのは、けっしてじぶん一人の力によるのではない。いつもじぶんを守ってくださるミューズの神様のおかげである」

といって、お礼の心を表わすために、さっそく牛一〇〇頭をお供えして、心から神様にお礼を申しあげたという伝説が伝わっております。

さてこの有名なピタゴラスは、紀元前五八〇年ごろ、エーゲ海にあるギリシアの植民地サモス島に生まれました。ピタゴラスが、少年のころからすぐれた才能をもっていたことを示す伝説に、次のような話があります。

あるときピタゴラスが、まきを背負って町を歩いていますと、一人の紳士がピタゴラスを呼びとめて、

「めんどうだろうが、いまきみの背負っているまきをといて、もう一度荷造りをしなおしてみせてくれないか」

といいました。ピタゴラスは、へんなことをいう人だとは思いましたが、いわれるま

まにせっかく造った束をくずしてもう一度組み合わせてみせました。これを見ていた紳士は、そのままの組み合わせ方のいかにもじょうずなのを見て感心し、

「どうだ、きみは学問をしてみる気はないか」

といって、ピタゴラスに学者になることをすすめたといわれています。

こうしてピタゴラスは、学問に志し、前にお話したターレスの門弟となるために、その故郷サモス島を出たのでした。

ターレスのもとで、ピタゴラスは熱心に数学と天文学の研究を行ないました。そしてターレスから、その当時のほとんど全部の知識をさずかることができたのでした。ターレスもピタゴラスの天才には驚いてしまって、こんなりっぱな天才的青年をこのままにしておくのはもったいない、ぜひエジプトへ遊学させてやりたいものだといろいろほねをおってくれたのでした。

このようにしてついにピタゴラスは、エジプトで勉強することになりました。ところが困ったことには、昔は勉強といえば、お寺で坊さんに習ったものですが、このお寺の坊さんたちが、

「外国人はみんないやしい人間ばかりだから、われわれの仲間にピタゴラスを入れることはできない」

といって、なかなかピタゴラスの願いを聞きいれてくれなかったことです。しかしピタゴラスもいっしょうけんめいです。なんどもなんどもじつに根気よくお願いをしました。

あまりなんどもピタゴラスが頼むので、坊さんたちのほうでも根負けがして、

「では試験をして、もし受かったら、われわれの仲間に入れてやろう」

といいだしました。もちろん坊さんたちは心のなかで、思いきってむずかしい問題を出して、二度と仲間に入れてくれなどとはいえないようにしてやろうと考えていたのです。

しかしピタゴラスにとっては、試験が受からなかったからといって、いまさら故郷へおめおめと帰れるものではありません。まったく必死の決心で試験を受けたのでした。

坊さんたちがこれならできまいと思って出した問題を、ピタゴラスがみんなみごとに解いてしまったので、さすがの坊さんたちもとうとうおれて、ピタゴラスをその仲間に入れることを承知しました。喜び勇んだピタゴラスは、一分一秒を惜しんで勉強をしました。そしてそうとう長い年月、このエジプトで勉強をしたといわれており

ます。また、その間にピタゴラスは、バビロニアへも行ったといわれています。

こうして、長い間エジプトで勉強したのち、ピタゴラスはその故郷サモス島へ帰ってまいりました。

そののちピタゴラスは、イタリアの南のクロトンという町に学校を建てて、いままでエジプトやバビロニアで研究してきた数学、自然科学、哲学などを生徒に教えるようになりました。このピタゴラスの学校の生徒たちは、右のような星形の徽章《きしょう》をつけていたといわれています。

このピタゴラスの学校には妙な規則があって、

「われわれは一致団結して研究し、その結果はぜったいに外へもらしてはならない」と信じていました。で、だんだん学校が大きくなるにしたがって、一つの秘密団体となり、ついには国の政治にまで手を出すようになりましたので、町の人々の反感をかうようになってしまいました。

そしてこの反感はしだいにたかまり、とうとうその反対派のために学校はうちこわされ、家は焼きはらわれ、弟子たちは悲惨な最後をとげました。ピタゴラスは一度は身をもってあぶないところを火のなかからのがれましたが、ついにメタポンツムでその奮闘の一生を終えたのでした。

では、ピタゴラスはいったいどんなことを研究したかを、次にお話してみましょう。

まず、ピタゴラスの行なった数の研究のうちのいくつかをお話してみましょう。

ピタゴラスは、数のうちでも、とくに図形と関係の深いものを研究しました。たとえば、

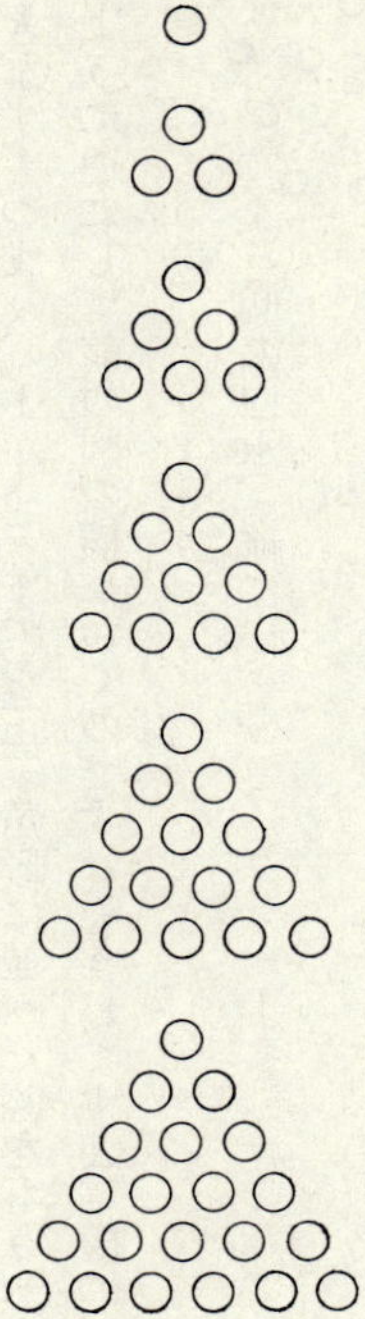

というぐあいに、ちょうど正三角形の形に並べられるような数に着目してこれを研究しました。ピタゴラスは、このような数を**三角数**とよんでいます。さて、三角数を順に書いてみますと、

1 ……1
1＋2 ……3
1＋2＋3 ……6
1＋2＋3＋4 ……10

1+2+3+4+5　……15

1+2+3+4+5+6　……21

となります。

ではみなさん、五ばんめの三角数は何かときかれたら、すぐ返事ができますか。

1+2+3+4+5=15

そうです。1から2、3、4、5と、5までを加えればよいわけです。

しかしこのばあい、1から5までを順々に加える代りに、次のように計算することもできます。つまり、1から5までを正三角形に並べた図をもう一つ考えて、これを上のように逆にして前の図の横におくのです。そうしますと、横に、

1+5

個の白玉、縦に

5

個の白玉、全体で

(1+5)×5

個の白玉が並びますから、五ばんめの三角数はその半分

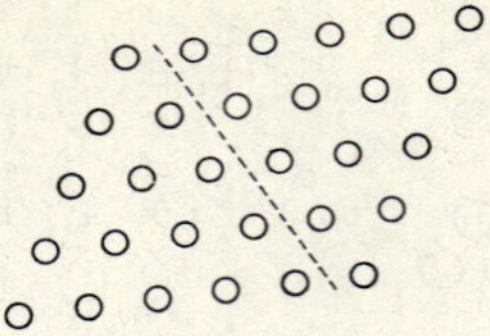

となってその答が出ます。つまり五ばんめの三角数は、ときかれたら、1にその5を加えて、出てきた答をまた5倍して、その答を2で割ればいいわけです。

前の方法ですと、一〇〇ばんの三角数は、ときかれたら、

$$1+2+3+4+5+6+\cdots\cdots+98+99+100$$

と、とんでもなく長い加え算をしなければなりませんが、あとの方法ですと、一〇〇ばんめの三角数は、

$$\frac{(1+100)\times 100}{2}=5050$$

とすぐ答が出てしまいます。便利な方法でしょう。

いま、かってな数をnという文字で代表することにしますと、前の方法からすぐわかりますように、第nばんめの三角数は、

$$\frac{(1+n)\times n}{2}$$

という式で表わされます。たとえば、第一〇〇ばんめの三角数がほしければ、このn

のところへ一〇〇を入れればいいわけです。このような式のことをわれわれは**公式**とよびます。前の式は、第 n ばんめの三角数を表わす公式であるわけです。

ピタゴラスはまた、**四角数**というのを研究しました。これは

というぐあいに、ちょうど真四角に、つまり正方形の形に並べることのできる数のことです。ですから、四角数を第一ばんめから順々に書いてみますと、

1×1＝1
2×2＝4
3×3＝9
4×4＝16
5×5＝25
…………

となります。それならば、第nばんめの四角数はなんでしょう。これはすぐおわかりでしょう。

$$n \times n$$

そうです。n掛けるnです。これはまた、

$$n^2$$

とも書くことは前にも申しあげました。

ところがピタゴラスはおもしろいことを見つけだしました。それを第五ばんめの四角数を例にしてお話してみましょう。

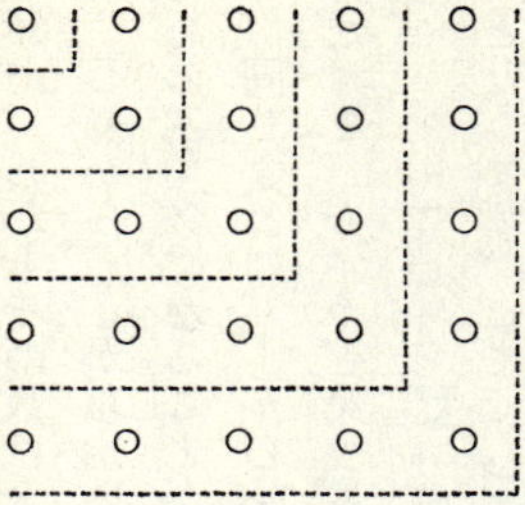

上の図は、第五ばんめの四角数25を真四角に並べておいて、左上のすみから、次々とかぎ形に区画をしていったものです。

左上にはまず1があります。次のかぎ形のなかには3があります。次のかぎ形のなかには5があります。次のかぎ形のなかには7があります。そして最後のかぎ形のなかには9があります。そしてこれら全部で四角数25になっているのです。

ところが、ここに現われた1、3、5、7、9は全部奇

数で、しかもその数は全部で五つです。

これから、1から始めて、順々に奇数を五ばんめまで加えると、ちょうど第五ばんめの四角数になることがわかります。

同じように、1から始めて、順々に、3、5、……と第nばんめまでの奇数を加えますと、ちょうど第nばんめの四角数になります。これを公式の形で書いてみますと、

$$1+3+5+7+\cdots\cdots+(2\times n-1)=n^2$$

となります。ここに$2\times n-1$が第nばんめの奇数であることは、申すまでもありますまい。

ピタゴラスは、数のことについて、その他いろいろと研究をしましたが、われわれはお話を、ピタゴラスの研究した図形のほうへ移しましょう。

まずピタゴラスは、

三角形の内角の和は二直角である。

ということを証明しました。これをお話してみましょう。

それにはまず、平行線の説明から始めなければなりません。

みなさん、直線定規と三角定規を用意してください。そしてまず直線定規をとって、これを紙の上において、直線を引いてください。次に三角定規をとって、これを直線

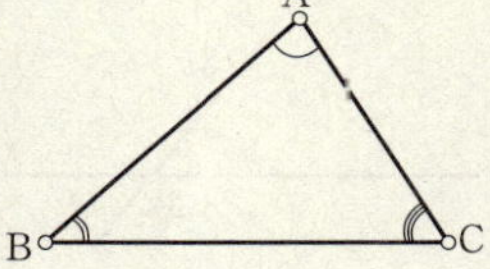

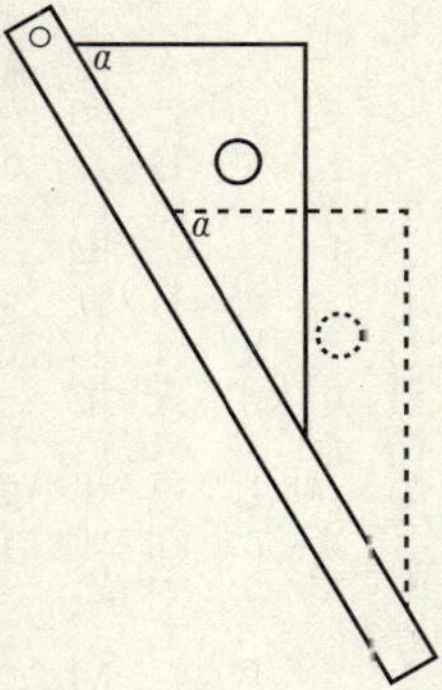

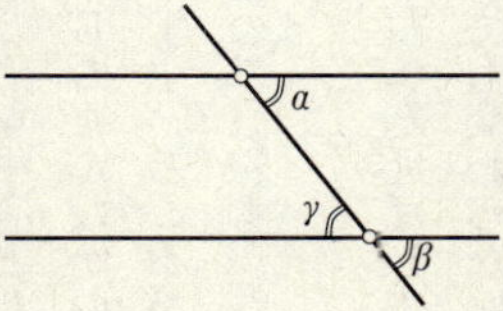

定規のいま線を引いた側へピッタリと当て、こんどは三角定規の一辺に沿って直線を引いてください。次にこの三角定規を少しずらして、また前と同じ辺に沿って直線を引いてください。そうすれば、右の下のような図が得られるでしょう。このばあい、図の角αと角βとの等しいことは、その図の描き方から明らかです。この図のように、二つの直線に一直線が交わっているとき、αとβのような関係にある二つの角をわれわれは**同位角**と呼びます。

さて、この図において、角βとγとは、対頂角ですから、ターレスが証明したように、たがいに相等しくなっています。したがってまた、角αと角γとも等しくなっているはずです。このように、二つの直線に一つの直線が交わっているとき、αとγのような関係にある二つの角をわれわれは錯角と呼びます。

さて、二直線に一直線が交わっているとき、もしその錯角が等しければ、最初の二直線は、どんなに延ばしても交わりません。このことを証明するのにわれわれは次のような方法をとります。それは、もしこれらの二直線が、たとえば右へ右へと延ばしていけば交わってしまったと仮定すれば、不合理なことがおこる、だから交わることはない、という論法です。

この方法にしたがって、いま最初の二直線を、たとえば右へ右へと延ばしていったところが、右の方のある点で交わったと仮定してみます。

さて、最初の二直線とある直線が交わる点をそれぞれAおよびBとして、線分ABのまんなかの点をMとします。このとき、Mを中心としてこの図を二直角だけ回転してみますと、MはABのまんなかの点ですから、AはBに、BはAに重なってしまいます。ところが錯角が等しくなっているのです。したがって最初の二直線も、これらがたがいに入れかわって重なります。

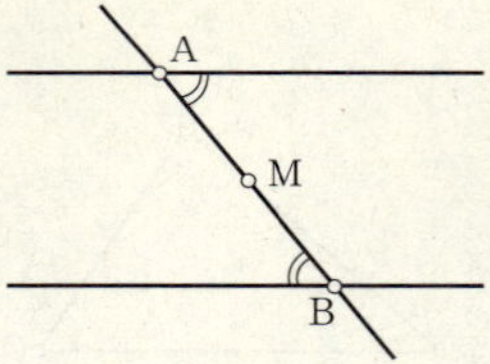

したがって、もし最初の二直線を右へ右へと延ばしていくと交わるものなら、左へ左へと延ばしていっても交わらなければなり

ません。

そうすると、二本の直線が右でも左でも交わっていることになります。ところが、直線というものは、二つの違う点を通ってただ一本しか引けないものです。したがってここに二つの違う点を通って二本の直線が引けるという不合理なことがおこったことになります。

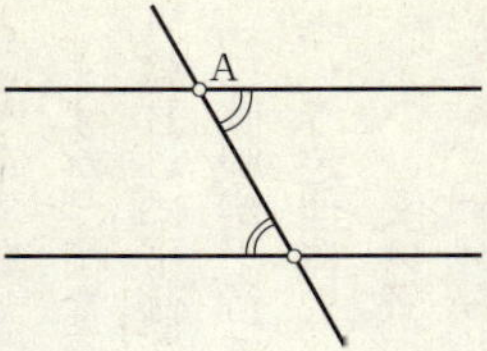

このへんなことは、最初の二直線が右へ右へと延ばしていくと交わるとしたからおこったのです。したがってこの二直線は右へ右へといくら延ばしても交わらないことがわかります。まったく同じようにして、この二直線は左へ左へといくら延ばしても交わらないことがわかります。これで、

二直線が一直線と交わってできる錯角が等しいならば、最初の二直線はいくら延ばしても交わらない。

ことがわかりました。このように左右にいくら延ばしてもけっして交わることのない同じ平面上の二つの直線をわれわれは、たがいに平行な直線とよびます。

さてこのように、一つの直線と、その上にない一つの点Aとがあったばあい、この点Aを通って与えられた直線に平行な直線を一本引くことのできることがわかりまし

た。しかしこのような直線はただ一本に限ると思われます。

いま、一直線に、その上にない点を通って平行な直線は、一本あってただ一本に限るとしますと、

錯角が等しければ平行である。

ということから、

平行であれば錯角が等しい。


ということが出てきます。

さて、これで準備が終わりました。次にピタゴラスが見いだしたといわれる、

三角形の内角の和は二直角である。


という定理を証明してみましょう。

まずかってな三角形を一つとって、これをABCと名づけます。次に点Aを通って、直線BCに平行な直線DEを引きます。そうしますと、

「二直線が平行であれば錯角は等しい」

という定理によって、

∠ABC=∠DAB, ∠ACB=∠EAC

となりますから、したがって、

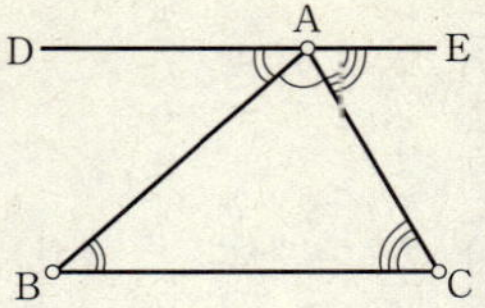

$$\angle BAC + \angle ABC + \angle ACB$$
$$= \angle BAC + \angle DAB + \angle EAC$$
$$= 2\angle R$$

となって、定理はみごとに証明されました。

では次に、いよいよ有名なピタゴラスの定理の証明をしてみましょう。

もう一度ピタゴラスの定理を述べてみますと、

「直角をはさむ二つの辺の長さがそれぞれaとbであるような直角三角形の斜辺の長さをcとすれば、a、b、c三数の間には、

$$a^2 + b^2 = c^2$$

という関係がある」

となります。

これを証明するために、いま考えている直角三角形とまったく同じ形をしたものを四つ次のページの図のようにおきますと、ここに正方形ができます。

さて、三角形の内角の和は二直角ですから、直角三角形で(というしるしと((というしるしをつけた二つの角の和は直角になります。

したがってまた、内にできた四角形は、各辺の長さがいずれも c で、各内角が直角ですから、一つの正方形です。

さて、直角三角形の面積は、

$$\frac{a\times b}{2}$$

なかにできた正方形の面積は、

$$c^2$$

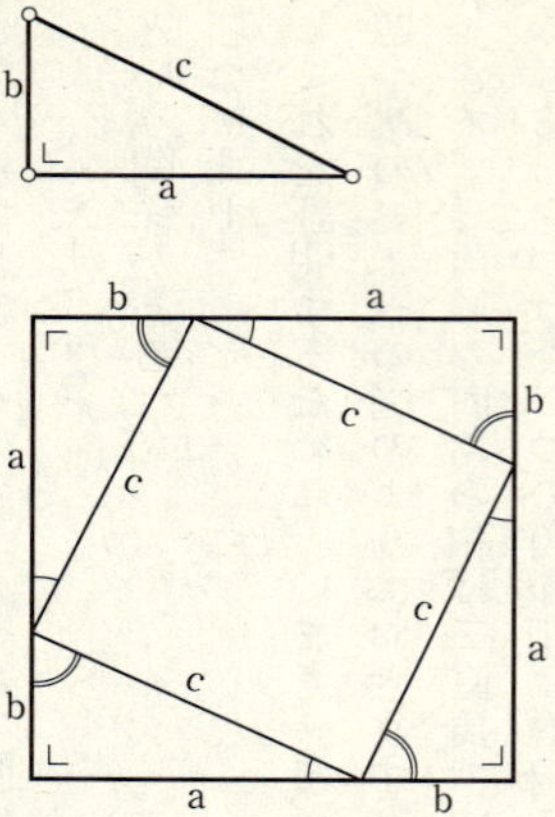

ですから、全体の正方形の面積は、

$$\frac{a\times b}{2}\times 4+c^2=(a\times b)\times 2+c^2$$

となります。

さて、全体の正方形というのは、その一つの辺の長さが、

$$a+b$$

であるような正方形です。ですから、これを上の図のように分けることもできます。

このように分けますと、これは二つの辺の長さがそれぞれ a と b である長方形が二つ

と、その一つの辺がそれぞれaとbである二つの正方形になります。したがってその面積は全体で、

$$(a\times b)\times 2+a^2+b^2$$

です。これと前の式とを見比べて、

$$a^2+b^2=c^2$$

であることがわかります。これでピタゴラスの定理は証明されました。

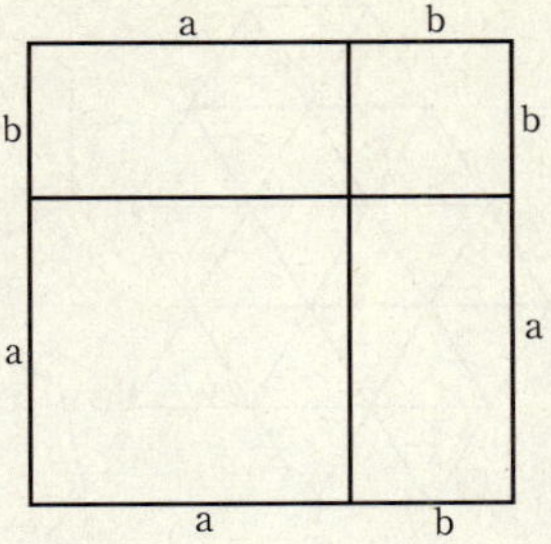

ピタゴラスは、このほかまだいろいろのことを考えました。そのうちの一、二の答だけを申しあげてみましょう。

みなさんは、つぎに書いたような正多角形をごぞんじでしょう。ピタゴラスは、

このような正多角形で平面をすきまなくうめよ。

という問題を考えました。答は、正三角形、または正方形、または正六角形でなら平面をすきまなくうずめることができるが、それ以外のものではできないことを証明しました。

じっさい、正三角形で平面をうめていきますと次ページの図の上のようになります。次に、正四角形で平面をうめていきますとちょうど中のようになります。

最後に、正六角形で平面をうめていきますと、これは下のようになります。ちょうどはちの巣の形です。

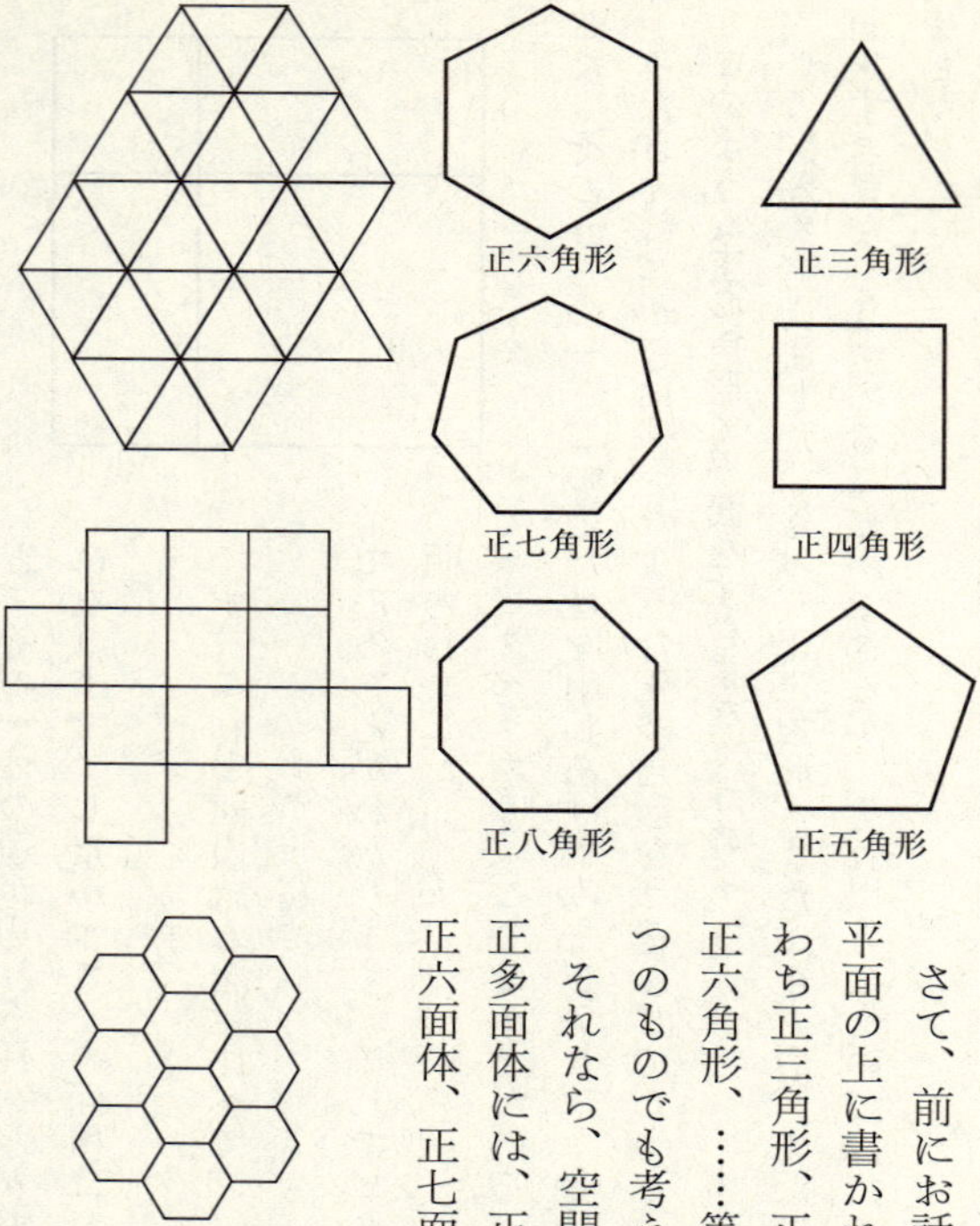

さて、前にお話しましたように、平面の上に書かれた正多角形、すなわち正三角形、正四角形、正五角形、正六角形、……等は、辺の数がいくつのものでも考えられます。

それなら、空間のなかに描かれる正多面体には、正四面体、正五面体、正六面体、正七面体、……等というぐあいに、その面の数がいくつのものでも考えられるでしょうか。このことをピタゴラスは研究しました。そして、正多面体のばあいには、そうやたらな面の数をもった正多面体は考えられない。

じっさいに作ることのできる正多面体は、正四面体、正六面体、正八面体、正十二面体、正二十面体の五つしかない。

ことをピタゴラスは見いだしたのでした。

すなわち、じっさいに作ることのできる正多面体は前の五種類だけです。

このうち、正四面体、正六面体、正八面体の三つは、すでにエジプトの人たちが知っていたといわれていますが、これに正十二面体と正二十面体とをつけ加えて、全部で五種類の正多面体があり得ること、そしてそれ以外の正多面体はありえないことを示したのは、じつにピタゴラスの功績でした。

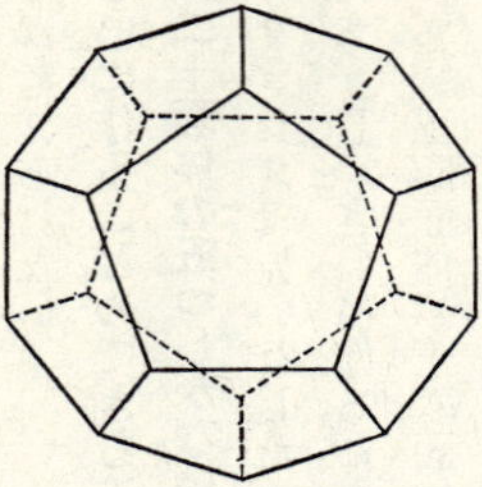

正十二面体

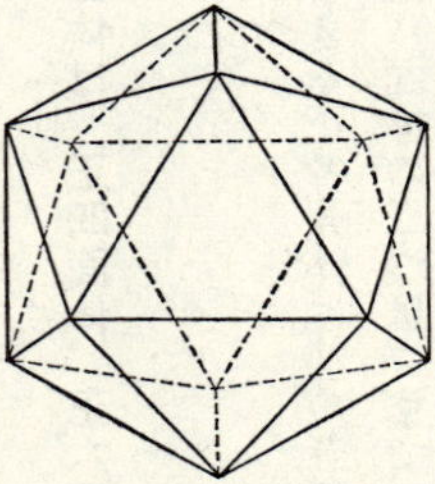

正二十面体

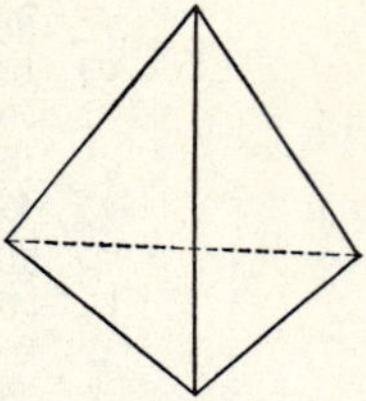

正四面体

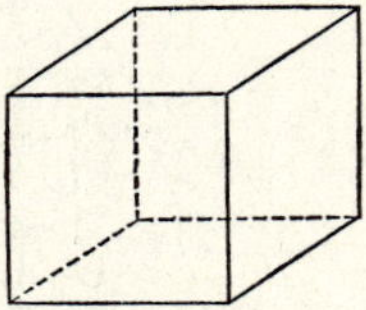

正六面体

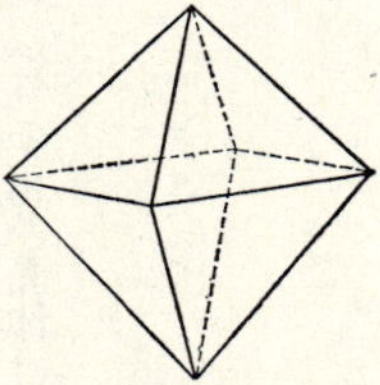

正八面体

プラトー

みなさんは大哲学者ソクラテスのお話をごぞんじでしょう。このソクラテスの第一のお弟子にプラトーという人があります。

プラトーは、紀元前四三〇年ごろ、ギリシアのアゼンスという町に生まれました。プラトーは、ソクラテスのお弟子となって熱心に哲学を研究しました。そしてついに先生のソクラテスに劣らないりっぱな哲学者になりました。先生のソクラテスも、プラトーのことを弟子と思わず友だちのようにとりあつかっていたといわれているほどです。

ところが先生のソクラテスは、みなさんもごぞんじのように死刑をいいわたされて、牢獄《ろうごく》のなかで毒をのんでなくなられました。先生の死をひじょうに悲しんだプラトーは、それからひとりひょうぜんと諸国へ研究の旅に出かけ、そして十数年という長い間、諸国をまわって多くの哲学者や数学者たちと交わりを結んで哲学と数学の研究に励んだのでした。プラトーがイタリアへ行ったおりには、ピタゴラス学派の人々と交わりを結んだともいわれています。

こうして長い長い研究の旅から故郷へ帰ったプラトーは、近くのアカデミアの森に学校を開きました。プラトーの評判を伝え聞いた人々は、遠い国々からも集まって来ました。ところがこのアカデミアの学校の玄関には、

「幾何学を知らないものは入学をさせない」

と大きな字で書いてあったといわれています。これによっても、プラトーがどんなに幾何学をだいじなものと思っていたかがわかります。

このプラトーについては、次のようなひじょうに有名なおもしろいお話が残っています。

そのころ、ギリシアのデロス島に、ひじょうに恐ろしい伝染病がはやったことがありました。毎日毎日なん十人という人がこの伝染病のために命を奪われていきました。町の人々はもう人間の力ではどうしてもこの伝染病を防ぐことはできないと考えましたので、相談のうえでデロス島の守護神アポロンの神霊にお伺いをたてました。ところがそのときのアポロンの神の御宣託は、

「祭壇の体積を立方体のままで二倍せよ。しからば悪疫はたちどころにやむであろ

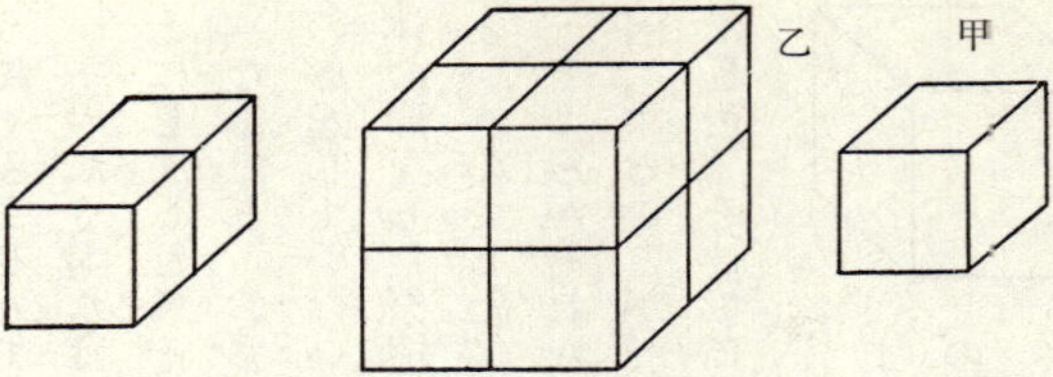

う」

というのでした。喜んだ町の人々は、さっそく甲の形をした祭壇を、その稜《りょう》の長さを二倍にして乙のように作り直して神様に供えました。

これで悪疫もやむであろうと安心していた人々は、悪疫がやむどころかますます激しくなっていくのにびっくりしました。困りぬいた島の人々は、ある数学者に神様の御宣託を話して相談しました。ところが、この数学者がいいますには、

「これは乙の稜が甲の稜の二倍になっているだけで、体積のほうは、乙は甲の八倍である。これでは神様のお怒りになるのもむりはない」

というのでした。みなさんは、乙は甲の八倍の体積をもっているということがおわかりですか。前ページの図中のように線を入れてみますと、乙のなかには甲と同じものが八つあることがおわかりでしょう。

そこでこんどは、人々は甲の祭壇と同じ形をした祭壇をもう一

つ作って、これらを並べて神様にお供えしました。ところが、これでも悪疫はいっこうにやみませんでした。

まったく困りはててしまった島の人々は、もう一度アポロンの神の御神託を伺うことにしました。そのときの神のお告げは、

「なるほど、おまえたちはたしかに体積が二倍の祭壇を作った。しかしそれは立方体の形をしていないではないか。余のほしいのは、体積がちょうど二倍で、しかも立方体の形をした祭壇であるぞ」

というのでした。

ところがそれならば、いったいどうすれば立方体の形を変えないで、その体積を二倍にすることができるかということは、島の人々にも、その数学者にもわかりませんでした。そこでこの問題は、とうとうプラトーのところまでもってこられました。

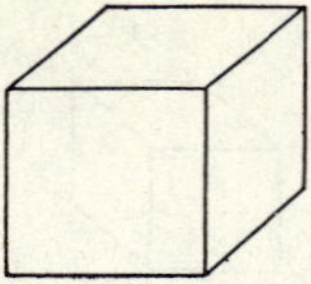

プラトーは、島の人々のためにと思って、この問題を熱心に研究しましたが、最初は定規とコンパスだけでこの問題を解こうとしましたので、どうしてもこれを解くことができませんでした。

しかしプラトーとそのお弟子さんたちは、むずかしい器械を使ってこの問題を解くことができたのでした。でもプラトーは、

「そのような方法は、幾何学の美しさをこわしてしまうものである。定規とコンパスだけで解くことが望ましい」

といってさらに研究を続けましたが、これにはどうしても成功することができませんでした。

デロスの島の流行病は、その後まもなくやんだといわれておりますが、この問題を定規とコンパスだけで解くという難問が、数学の問題として残ったのです。この問題はデロスの問題ともよばれています。

この当時の人々が研究した問題に、もう二つ次のような問題があります。その一つは、

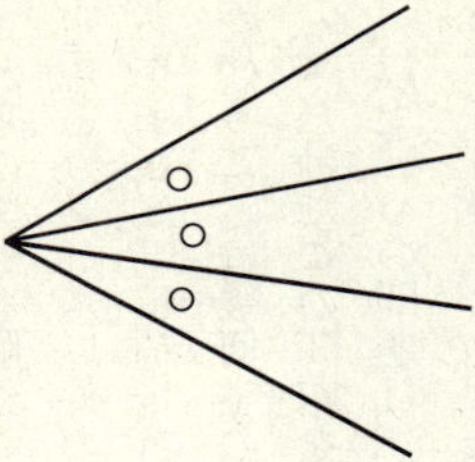

かってに与えられた角を三等分する方法を求む。

というのです。

もう一つは、

かってに与えられた円と同じ面積をもった正方形を描け。

という問題です。

当時の人々は、これらの問題を、デロスの問題と同様、定規とコンパスで解こうと試みました。定規とコンパスだけで

これらの問題を解くことはなかなかむずかしいものですから、当時の人々のなかには、定規とコンパス以外のむずかしい器械をつかってもよいとしてこの問題を解いた人はありました。しかし当時の人々の大部分は、プラトーのいうように、そのような器械を使うことは幾何学の美しさをそこなうものであると考えたのでしょう。定規とコンパスだけでこの問題をぜひ解決しようと、じつに熱心に研究を続けました。

以上三つの問題は、幾何学の三大難問とよばれています。これらの問題は、そのうち二千年間もだれひとりとして解くものはなかったのですが、最近になってやっと解決されました。

それならどうやって図を描くのか、といわれるでしょうが、解決されたといっても、描き方がわかったのではなくて、定規とコンパスだけではこれらの問題は解けないものだ、ということが証明されたのです。さすがは二千年も数学者の頭を悩ました問題だけあって、その解決もじつにふるっているでしょう。

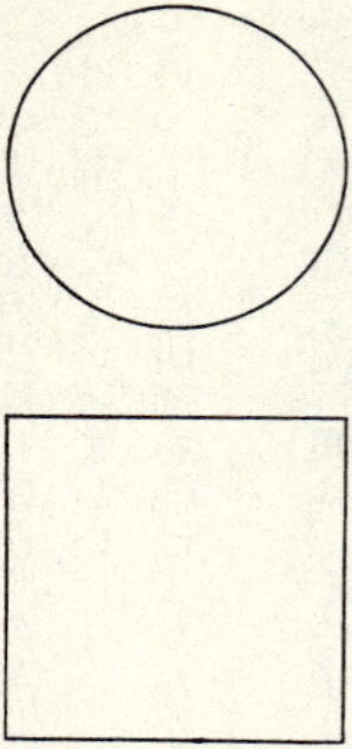

ユークリッド

ユークリッドは、紀元前三三〇年に、シリアのかたいなかに生まれました。ユークリッドのおとうさんは、ユークリッドの勉強のことをひじょうに心配して、

「こんなかたいなかにいたのでは、何一つ思うように勉強できないから、首府のアゼンスへ行って勉強しなさい」

といって、ユークリッドをアゼンスへ遊学させたのでした。この恩に感じたユークリッドは、アゼンスの町で、前にお話したプラトーのながれをくむ哲学者や数学者について長い間勉強を続けました。そしてだんだんとユークリッドの名はギリシアの国に広がっていきました。

そのころ、みなさんもごぞんじのあの有名なアレキサンダー大王の後継者トレミー一世は、アレキサンドリアの町にアレキサンドリア大学をはじめ、大図書館、動物園、植物園、実験所などを建てて、文化の発達につくし、アレキサンドリア大学校へは、

当時の大学者を残らず集めて教育に努力していました。ユークリッドもこの大学校へ招かれて講義をした大学者の一人でありました。

ユークリッドがのちのちの人々のために残した功績といえば、それはユークリッドが心血をそそいで完成した幾何学の教科書「エレメント」です。これはユークリッドがアレキサンドリア大学校で講義をするときに使った教科書ですが、それから二千年以上もたった今日《こんにち》なお教科書として使われているくらいですから、どんなにりっぱな本であるかが想像されましょう。この本を書いている私も中学校で幾何学を習いましたが、そのときに使った教科書も七、八分どおりまではユークリッドの書いた「エレメント」そのままでありました。

「世界で一ばん多く読まれた本は、第一に聖書、第二にユークリッドの『エレメント』である」といった人もあるくらいです。

この「エレメント」の内容は、いまではみなさんが中学校で習うくらいですが、昔の人々にはなかなかむずかしかったとみえます。その例としてこんな話が残っています。

ある青年が、ユークリッドについて幾何学を習いはじめました。ところがしばらくしてこの青年はユークリッドにききました。

「先生こんなむずかしいことを勉強してなんの得があるのですか」

と。これを聞いたユークリッドは、さっそく下男を呼んでいいつけました。

「この人に三ペンスおやり。この人は、学問をしたらすぐ得をしなければならないと思っているようだから」

と。

またある日アレキサンドリア大学校でユークリッドがへいぜいのとおり熱心に「エレメント」の講義をしていますと、これも熱心に講義を聞いていたトレミー一世が、

「ユークリッドよ！　どうも幾何学という学問はむずかしい学問だ。なんとかしてもう少しらくにこれを勉強する方法はないものかな」

と、さすがのトレミー一世も弱音をはいてしまいました。これを聞いたユークリッドは、顔色一つかえないで、王様に向って、

「王よ！　幾何学に王道はありませんぞ」

と答えたそうです。つまり苦心に苦心を重ねなければ、たとえ王様でも幾何学を理解することはできない、という意味です。これにはさすがのトレミー一世も一本まいってしまいました。

さて、この「エレメント」の内容を少しくお話してみましょう。その第一巻には、

直線、三角形、平行線に関することが書いてあります。みなさんは、これら、直線、三角形、平行線ということばの意味はもうおわかりでしょうね。

第二巻には主として長方形の面積に関することが書いてあります。長方形の意味もごぞんじでしょうね。左の図のような、二つの辺の長さがそれぞれaとbであるような長方形の面積はいくらですか。

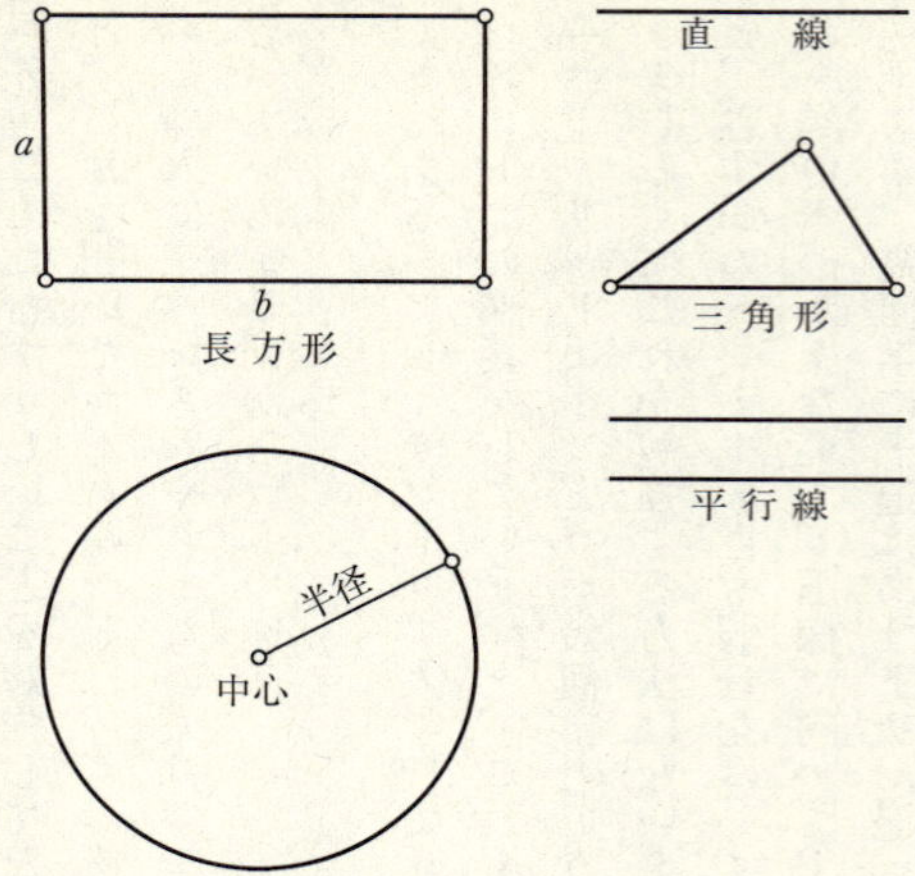

$$a \times b$$

そうです。a掛けるbです。

第三巻には円のことが書いてあります。

円というのは、ある定点から一定の距離にある点の描く図形であって、その定点を円の**中心**、その一定の長さを円の**半径**とよぶことはみなさんもうごぞんじでしょう。

その両端が円の上にある線分のことを円の**弦**、その両端から円上の一点を見る角のことを、この弦の上に立つ**円周角**と

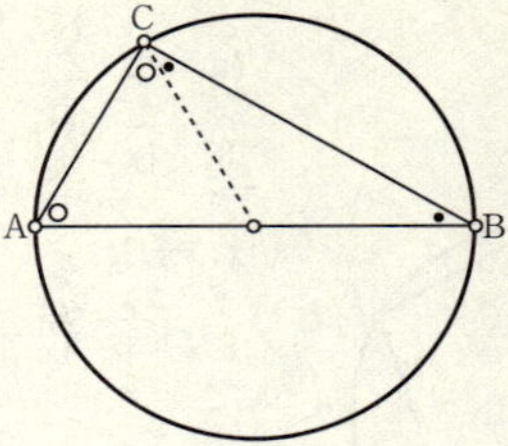

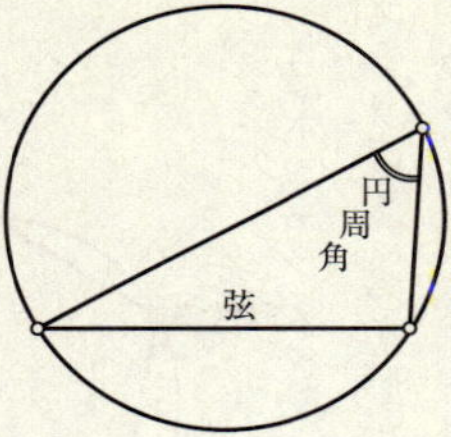

いいます。

ユークリッドは、この円に関してもいろいろのことを研究しましたがその一つをお話してみましょう。

弦のうちにはちょうど中心を通るものがありますが、これを直径とよぶことはみなさんごぞんじでしょう。さて、

直径の上に立つ円周角はつねに直角である。

という定理を証明してみましょう。この定理は、じつはピタゴラスの発見したものです。しかしユークリッドの功績は、このように以前の人たちが考えたことを十分に整理して、それらを系統だて、しかも厳密な証明を与えた点にあるのです。

さて、この定理を証明してみましょう。そのために、中心がOである円の直径の一つをABとします。ABがOを通っていることはもちろんです。次に円上に一つの点Cをとりますと、角ACBが直径ABの上に立つ円周角となります。

さて、OAとOCはいずれも円の半径ですから、その長さは等しく、したがって三角形AOCは二等辺三角形です。し

たがって〇印の角はたがいに等しくなります。同じように三角形ＢＯＣも二等辺三角形ですから、・印の角もたがいに等しくなります。ところが三角形ＡＢＣの内角の和は二直角ですから、〇印の角二つと・印の角二つで二直角です。

つまり〇印の角一つと・印の角一つでは直角です。これで角ＡＣＢが直角であることは証明されました。

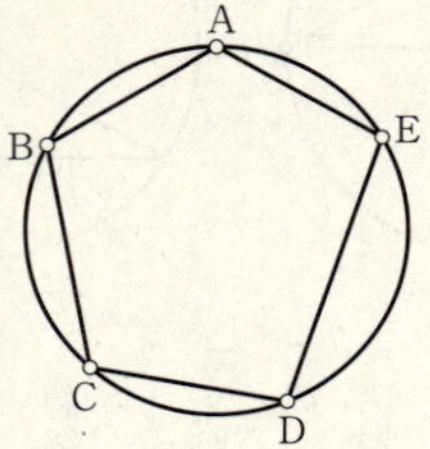

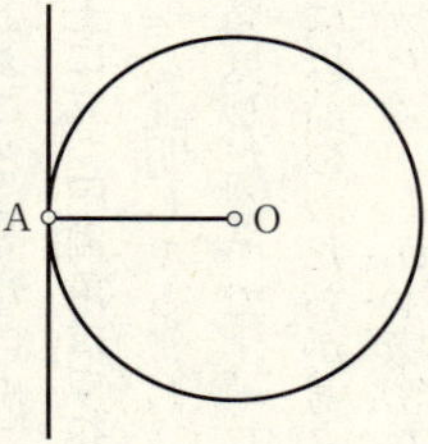

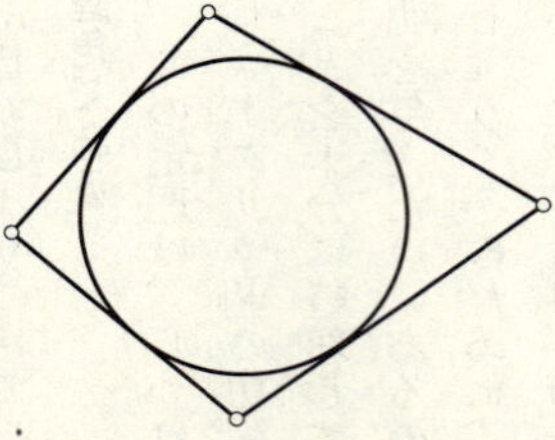

さて、「エレメント」の第四巻には、円に内接および外接する多角形のことが書いてあります。多角形が円に**内接する**というのは、その多角形の頂点が全部同じ円の上にあることです。右の図上は、円に内接する五角形を示しています。

多角形が円に**外接する**というのは次の意味です。円上の一点Ａを通って、その点と円の中心を結ぶ半径に直角になっている直線は円に接するといいます。そして点Aをその接点といいます。多角形が円に外接するというのは、その多角形の辺が全部同じ円に接していることです。

前ページの図下は円に外接する四角形を表わしています。

「エレメント」の第五巻には比例のことが、第六巻には相似形のことが書いてありま す。二つの図形が相似であるというのは、二つの図形がまったく同じ形をしているということです。左の図はたがいに相似な二つの四角形を示しています。

「エレメント」の第七巻から第十巻までには算数のことが書いてあります。また第十一巻から第十三巻までには、立体の幾何学のことが書いてあります。

「エレメント」はまったくすばらしい本です。

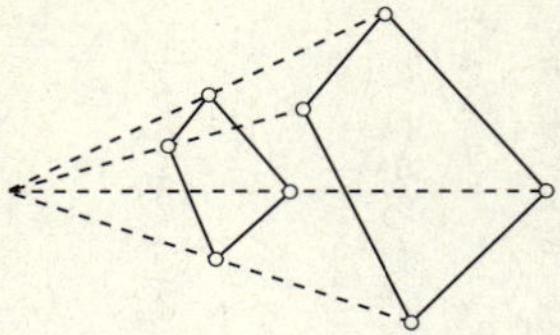

アルキメデス

これからお話しようとするアルキメデスは、数学の神様とまでたたえられた大科学者です。

アルキメデスは、紀元前二八七年、シシリー島のシラキウスというところの身分のひくい家に生まれました。

その当時の青年たちが、みんなエジプトのアレキサンドリア大学校へ競って入学を希望した例にもれず、アルキメデスも青雲の志をいだいてエジプトへ渡ったのでした。そしてユークリッドのお弟子で有名なコノン先生について数学と物理学とをいっしんに勉強しました。もちろん天才中の天才であったアルキメデスは、ぐんぐんと同僚をぬいて、ついにはりっぱな科学者となって故郷シラキウスへにしきを飾って帰ってまいりました。そして当時のシラキウスの王様ヘロンに仕えました。

このヘロン王はアルキメデスをひじょうに愛して、自由に研究を続けさせてくれました。アルキメデスが後世まで多くの科学者の称賛の的になったいくたのりっぱな本を書いたのは、みなヘロン王に仕えていたころでした。

このヘロン王とアルキメデスに関してはたくさんのおもしろい話が残っております。あるとき、ヘロン王はどこの国にも負けないような大きな軍艦を造ってやろうと考えました。命を受けたけらいたちは、多くの舟大工をやとい入れて軍艦の建造にとりかかりました。まもなくりっぱにできあがった軍艦を見たときのヘロン王の喜びようといったら形容のできないほどでした。この軍艦さえあれば、どんな強い敵が攻めて来ても驚くことはないといって手をたたいて喜びました。

さっそく盛大なお祝いの会が開かれて、いよいよ軍艦を海に浮かべることになりました。ところが、人々はやっとそのときになってひじょうに重大なことに気がつきました。あんまり大きな軍艦を造りすぎたので、これを動かすことができなかったのです。動かすことができなければ、軍艦を海に浮かべることはできません。陸の上の軍艦などはなんの役にもたちません。さあ人々は弱ってしまいました。

王様の残念がったことはもちろんです。けれどだれひとりとしてこの軍艦を動かしてみごと海に浮かべるようなくふうを思いつく人はありませんでした。

こんなときに王様の相談相手になるのはアルキメデスだけです。人々の困っているのをみたアルキメデスは進み出ていいました。

「私がこの軍艦を海へ浮かべて御覧にいれましょう」

これを聞いた王様のけらいたちは、

「いくらアルキメデスでも、まさか一人でこの軍艦を動かすことはできまい。大きなことをいっていまに困るにちがいない」

と腹のなかでせせら笑っておりました。どんなことをするのかと見ていると、アルキメデスは軍艦からかなり離れたところへ自分の発明した機械をしっかりとすえつけました。そしてこの機械についているすべり車に一本のじょうぶな綱を通して、一方の端を軍艦のへさきへしっかりと結びつけました。用意を終えたアルキメデスは、その綱のほかの端を、遠くの方からゆっくりと巻きはじめました。するとふしぎなことに、いままでどうしても動かなかった軍艦が、まるでアルキメデスに頼まれたように、みるみるうちに海へ浮かんでしまいました。

このことがあってからというものは、ヘロン王のアルキメデスに対する信頼はますます深くなっていきました。

またこんな話もあります。

あるときヘロン王は、神様へ献上するために、純金をたくさんわたして、金の王冠

を作ることをかじやへお命じになりました。しばらくして王冠はみごとにできあがりました。ところが、

「あの王冠は見かけはりっぱだが、じつは銀をたくさんまぜてあるのだ。残りの金にかじやがごまかしてしまったのだ」

といううわさが王様の耳にはいりました。王様は、

「神様へさしあげる尊い冠がにせものであっては神様に申しわけがない。なんとかしてその真偽を知りたいものだ」

というので、お気に入りのアルキメデスにその鑑定を命ぜられました。

さっそくお引き受けはしたものの、さすがのアルキメデスもこの問題にはほとほと困ってしまいました。たいせつな冠ですからうっかりしたことはできません。削ってみたり、傷つけてみたり、とかしたりしてみるなどはもってのほかです。毎日毎日実験室へとじこもって考えましたがなかなかうまい考えはうかんでまいりません。王様との約束の日限はしだいしだいに近づいてきます。

思案にあまったアルキメデスは、ある日気晴らしにおふろへ行きました。満々とたたえられた浴槽へからだを入れていきますと、水がざーっと流れます。王冠のことばかり考えていたアルキメデスは、このとき自分のからだが少し軽くなったような気が

しました。これはみなさんもきっと経験があると思います。

アルキメデスは、これだ、これだと思いました。そして、

「わかった。わかった。これだ。たしかにこれだ」

と叫ぶなり、あまりのうれしさに着物を着るのも忘れてふろやをとびだして、まっ裸のまま町を走って家へ帰ってきました。これを見た町の人々は、

「きっとアルキメデスは勉強をしすぎて気が狂ったんだろう。かわいそうに」

といってはだかのアルキメデスを見送っておりました。

家へ帰るなり実験室へとびこんだアルキメデスは、さっそく実験にとりかかり、王冠は金ばかりでなく、銀も混ぜたにせものであることを確かめることができました。これを聞いた王様は、アルキメデスの努力をほめて、たくさんのごほうびをくださいました。

さて、アルキメデスがおふろやで考えついたということは、次の二つです。

水を満たした器のなかへ物体を入れれば、そのときあふれ出る水の体積は、その物体の体積に等しい。

物体を水のなかへ入れると、その物体は自分と同じ体積の水のめかただけ軽くなる。

この二つのことを応用してアルキメデスは、王冠の比重、金の比重、銀の比重（あ

る物の比重とは、それが、それと同じ体積の水のめかたのなん倍の重さをもっているかを表わす数のことです）を測って、それから王冠のなかにある金と銀との分量を計算したのでした。とくに、

物体を水のなかに入れると、その物体は自分と同じ体積の水のめかただけ軽くなる。

ということは、いまでも**アルキメデスの原理**とよばれている法則でありまして、みなさんもきっと習われたことでしょう。

アルキメデスは、「幾何学の神」とか、「幾何学のホーマー」とかよばれるくらいのりっぱな学者でありましたが、これらのお話からもわかりますように、理論ばかりでなく、その理論を応用することにおいても、まったく天才的でありました。

そのころカルタゴのハンニバルが、死んだ父の志をついで、アルプスを越えて、ローマの国へ攻め入りました。シラキウスの王様ヘロンは、そのときハンニバルにみかたをしましたので、かんかんに怒ってしまったローマの国民は、海陸の大軍をシラキウスに向け、ここに大激戦が開かれました。

ローマの大軍は、シラキウスの孤城を囲んでここをせんどと攻めたてました。アルキメデスはこのとき、シラキウス軍の軍事技師としてじつにみごとな働きを示しました。あるときは大きなレンズを利用して、日光を用いて敵の軍艦を焼いてしまったこ

ともあれば、またあるときは大木や大石を飛ばす大砲を発明したりしておおいにローマ軍を悩ましました。

しかしいかにヘロン王が勇ましい王様でも、アルキメデスがいかに天才的な計略をあらわしたとしても、また王様のけらいがどんなに死にもの狂いになっても、この小さなシラキウスの城が、潮のようなローマの大軍をいつまでもささえることができようはずはありません。ついに恐ろしいシラキウス落城の日が来ました。シラキウスの町はものすごい刃物の打ち合う音、けがをしてうめく声、父母を求めて泣き叫ぶ声で満たされてしまいました。

勝ち誇ったローマの兵士たちは、あらん限りの乱暴をはたらいてシラキウスの町を荒らしまわりました。そしてついにはアルキメデスの家にまで踏みこんで来ました。この戦争のまっさいちゅうにも、アルキメデスは床の上に円を描いて、これを見つめたまま何かしきりに考えておりました。そしてローマの兵士たちが何をいっても、円から目を離さずに考え続けておりました。腹をたてた兵士たちは、つかつかとアルキメデスのそばへやって来て、アルキメデスが考えていた円を踏みつけました。

円のことばかり考え続けていたアルキメデスは、

「この円を踏むな」

と大声で叫びました。ところがことばのわからないローマの兵士たちは、

「なにをなまいきな」

というが早いか、やりでアルキメデスの胸を突き通しました。

こうして天才アルキメデスは最後まで研究を続け、しかも、研究中の円を血で染めてその上へ倒れたのでした。

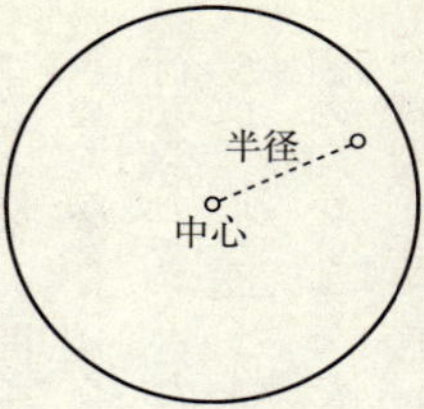

さて、アルキメデスの研究したことは、まったく数えきれないくらいありますが、そのうちでももっとも有名なのは、球と円柱に関する研究です。

空間で、一つの定点からの距離が一定であるような点の描く図形を**球**、その定点を球の**中心**、その一定の長さを球の**半径**とよぶことはみなさんごぞんじでしょう。

したがって、球を、その中心を通る一つの平面で切りますと、その切り口にでてくる図形の上の点は、いつも球の中心から一定の距離（球の半径）のところにあります。したがって一つの円です。このような円のことを、球の**大円**とよびます。

球の中心を通らない一つの平面でこの球を切っても切り口には一つの円が出てきますが、このような円をわれわれは**小円**とよびます。

球はまた次のようにしても作れます。すなわち、空間にまず一つの円を考えておい

て、これをその一つの直径の囲りに一周させるのです。そうすれば、この円は一まわりして一つの球を作ります。このとき最初の円の中心ができた球の中心となり、半径ができた球の半径となることもちろんです。また最初の円はできあがった球の一つの大円になっています。

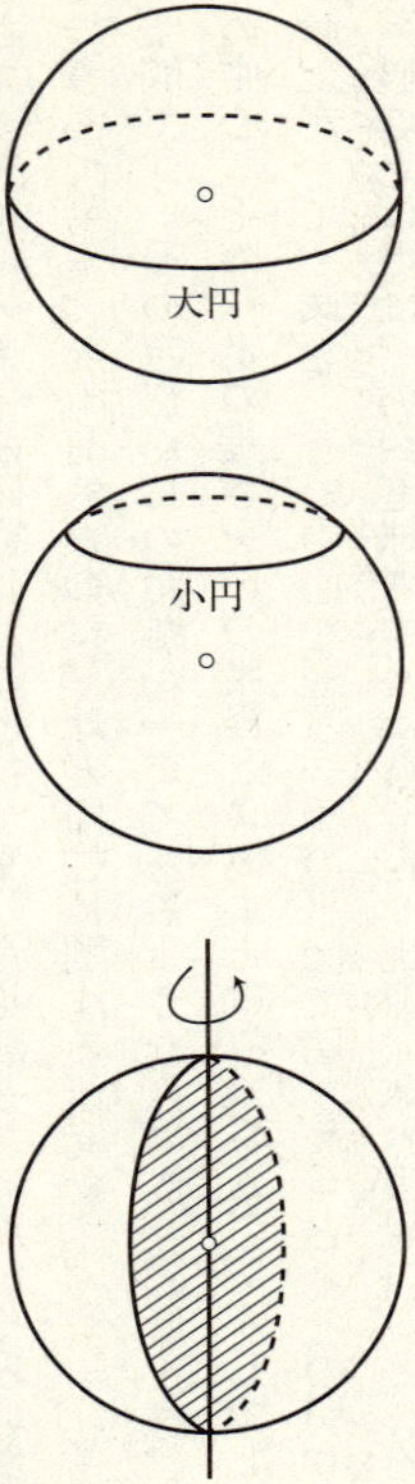

こんどは、空間に一つの長方形を考えておいて、これをその一つの辺を軸として一周させてみましょう。そうすれば次のページの図のように、上下の面が円で、側面が平行な線分でできた立体が得られます。これをわれわれは**円柱**とよびます。

さて、次に一つの円に外接する正方形を考えてください。そしてこの図形を、その一組の向かい合った接点を結ぶ直線のまわりに一周させてみましょう。円は一まわりして球を、正方形（の半分の長方形）は一まわりして円柱を描くことに注意しますと、

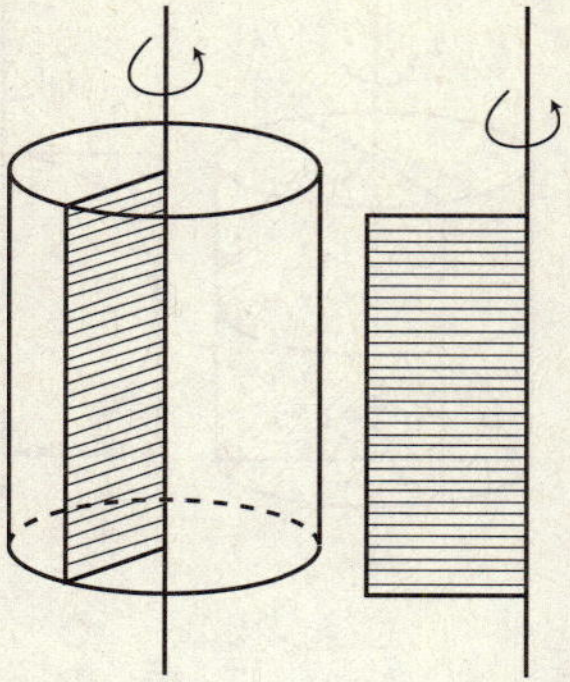

一三〇ページのような図が得られます。このばあい、できあがった円柱は、できあがった**球に外接している**といわれます。

さてアルキメデスは、ここにできあがった円柱の表面積と体積、およびできあがった球の表面積と体積との関係を研究しました。これを以下にお話してみましょう。

まず、半径がrである円の周囲を与える公式を思いだしてください。それは直径に円周率を掛けたものでした。直径は半径rの二倍ですから、円周率をπ（パイ）という文字で表わすことにしますと、

$$(r \times 2) \times \pi$$

です。

ところが、前に得られた円柱の高さは、この円の直径に等しいのです。したがってその側面積は、

$$\{(r \times 2) \times \pi\} \times (r \times 2) = r^2 \times \pi \times 4$$

です。また上面と下面にできている円の面積は、半径の二乗に円周率を掛けたもの、

すなわち、

$$r^2 \times \pi$$

ですから、円柱の表面積全体は、

$$r^2 \times \pi \times 4 + r^2 \times \pi + r^2 \times \pi = r^2 \times \pi \times 6$$

です。

さてアルキメデスは、この図に描かれている球の表面積が、これに外接する円柱の表面積、すなわち$r^2 \times \pi \times 6$の三分の二であること、すなわち、

$$r^2 \times \pi \times 6 \times \frac{2}{3} = r^2 \times \pi \times 4$$

であることを発見したのです。したがって、

半径がrである球の表面積は、半径の二乗に円周率を掛けたものの四倍である。

ということができます。

また、この球の表面積を表わす公式は、

$$(r \times 2 \times \pi) \times (r \times 2)$$

とも書けますから

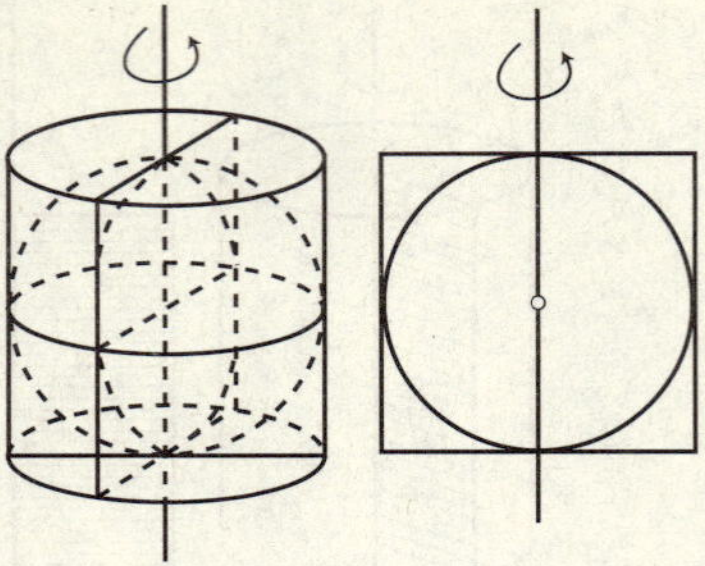

球の表面積は、その大円の周囲に、大円の直径を掛けたものに等しい。

ともいうことができます。

こんどは体積のお話に移りましょう。そしてまずわれわれの考えた円柱の体積を計算してみましょう。この円柱の底は、もちろん半径がrの円です。したがってその面積は、

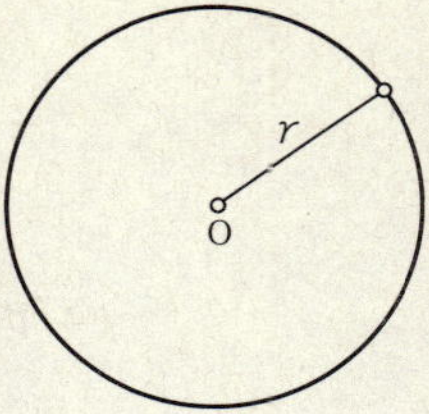

$$(r\times r)\times\pi$$

です。いっぽうこの円柱の高さは、rの2倍です。したがってこの円柱の体積は、

$$\{(r\times r)\times\pi\}\times(r\times 2)=(r\times r\times r)\times\pi\times 2$$

です。ところがアルキメデスは、

半径がrの球の体積は、これに外接する円柱の体積の三分の二に等しい。

ということを証明したのです。これによりますと、

半径rの球の体積は、

$$(r \times r \times r) \times \pi \times 2 \times \frac{2}{3} = (r \times r \times r) \times \pi \times \frac{4}{3}$$

である。

となります。これが半径rの球の体積を求める公式ですが、おぼえておかれると便利です。

算数と代数の発達

さて、だいぶ幾何のお話が続いたようですから、こんどは算数と代数のことをお話してみましょう。

前にお話しましたように、いまわれわれが使っている1、2、3、4、5、6、7、8、9、0という便利な数字は、アラビア数字とよばれてはいますが、じっさいはインド人たちが発明したものでした。このインドの人たちは、いままでお話してきた幾何学はじつはあまり得意ではなかったのですが、算数と代数にかけては、まったく天才的でした。

インドの人たちは、いまわれわれがすると同じ計算の方法をずいぶん昔から知っておりました。たとえば

$$\begin{array}{r} 37 \\ +48 \\ \hline 85 \end{array} \qquad \begin{array}{r} 237 \\ +169 \\ \hline 406 \end{array}$$

などという計算は、いまわれわれがするのとほとんど同じ方法で計算をしていました。

また引き算では、

$$\begin{array}{r} 62 \\ -35 \\ \hline 27 \end{array}$$

のように、一位の2から5が引けないばあいには、十位の6から1をかりて、12から5を引くこともよく知っておりました。

掛け算もじょうずでした。たとえば、

$$\begin{array}{r} 34762 \\ \times \quad 4 \\ \hline 139048 \end{array}$$

のように、掛けてけたの上がっていく問題も平気で解いていました。

もちろん割り算もたっしゃでした。いまなら

```
    3964
9)35678
   27
    86
    81
     57
     54
      38
      36
       2
```

と書く計算を

```
9)35678
  3964……残り2
```

と書いていました。しかもインド人は、

ある数を9で割ったときの残りは、その数を表わす数字の和を9で割ったときの残りと同じである。

といううまいことを知っていて、これをためし算に応用していたそうです。前の問題でこれをやってみますと、割られる数を表わす数字の和は、3と5と6と7と8で29です。したがって、

```
9)29
  3……残り2
```

となって、ちょうど前と同じ残りが出ます。

みなさんはこの理由がおわかりですか。それは次のように考えればよくわかると思います。すなわち割られる数は、

$$35678=30000+5000+600+70+8$$
$$=3\times10000+5\times1000+6\times100+7\times10+8$$
$$=3\times(9999+1)+5\times(999+1)+6\times(99+1)+7\times(9+1)+8$$
$$=(3\times9999+5\times999+6\times99+7\times9)+3+5+6+7+8$$

とも書かれます。ところが、かっこで包んだ部分は、これはたしかに9で割りきれてしまいます。したがってこの数を9で割ったばあいの残りは、

$$3+5+6+7+8=29$$

つまり、この数を表わす数字の和を9で割ったときの残りと同じになるのです。

私は前に、ピタゴラスの定理のところで、ある数を二度掛けることを、その数を二乗するというと申しあげました。この二乗はまた平方ともよばれます。たとえば、5を二乗する、または5を平方するとは、5掛ける5を作ることです。そしてこれを5^2という記号で表わすこともお話しました。5^2はもちろん25です。

逆に、ある数があったときに、二乗すると、すなわち平方するとちょうどその数に

なるような数を見つけだすことを、その数の**二乗根**または**平方根**を求めるといいます。たとえば25の二乗根または平方根を求めるとは、二乗または平方するとちょうど25になるような数を求めることです。これをわれわれは、

$$\sqrt{25}$$

という記号で表わします。$\sqrt{25}$はもちろん5です。

二乗根すなわち平方根の意味がよくおわかりになったら、みなさんひとつ次の平方根を求めてみてください。

$$\sqrt{9} \quad \sqrt{64} \quad \sqrt{81} \quad \sqrt{100} \quad \sqrt{144} \quad \sqrt{169}$$

たとえば、$\sqrt{9}$を求めることを、9を**平方根に開く**、または9を**開平**するとも申します。

さて、ある数を三度掛けることを、その数を**三乗する**、またはその数を**立方する**といいます。たとえば2を三乗する、または2を立方するとは、2掛ける2掛ける2を

作ることです。そしてこれを2^3という記号で表わします。2^3はもちろん8です。

逆にある数があったときに、三乗すると、すなわち立方するとちょうどその数になるような数を見つけだすことを、その数の**三乗根**または**立方根**を求めるといいます。たとえば8の三乗根または立方根を求めるとは、三乗または立方するとちょうど8になるような数を求めることです。これをわれわれは

$$\sqrt[3]{8}$$

という記号で表わします。$\sqrt[3]{8}$はもちろん2です。

三乗根すなわち立方根の意味がよくおわかりになったら、みなさんひとつ次の立方根を求めてみてください。

$$\sqrt[3]{27} \qquad \sqrt[3]{125} \qquad \sqrt[3]{216} \qquad \sqrt[3]{512} \qquad \sqrt[3]{1000}$$

たとえば、$\sqrt[3]{27}$を求めることを、27を**立方根に開く**、または27を**開立**《かいりゅう》するとも申します。

インドの人たちは、以上お話しました開平、開立のことを知っていて、その求め方も研究していたのです。

ではこんどは、次の問題を考えていただきましょう。それは、

ある数に3を加えたら5になった。ある数はいくらか。

というのです。なんだやさしいじゃないか。3を加えたら、5になったというのだから、答は、

$$5-3=2$$

だ、といわれるかもしれません。これでけっこうです。

しかし次のような考え方もあります。いまわからないある数をxという文字で表わすこととすれば、問題はxに3を加えたら5になったといっているのですから、そのことを式に書きますと、

$$x+3=5$$

となります。さて、この式は＝という記号の右と左とが相等しいということを表わしているのですから、その両方から3を引いてもやはり右と左は等しくなります。すなわち、

$$x+3=5$$

から

$x+3-3=5-3$

したがって

$x=5-3$

すなわち

$x=2$

となって、答が求められます。

さてこのように、わからない数の代りに文字を使って、問題のいうとおりの式を作り、この式を計算してわからない数を見いだすというのはなかなかうまい方法です。このような研究の方法をとる数学を、現在は代数とよんでおりますが、これと同じ方法をエジプトの人たちが知っていたことは前に申しあげました。インドの人たちはこの代数の発展にも大きな貢献をしたのです。前の例で、

$x+3=5$

という式から、

$x=5-3$

という式を作りましたが、これらを比べてみますと、第一式では＝の左側にあった

「足す3」が、第二式では＝の右側にきて「引く3」になっています。これを逆に考えれば、第二式では＝の右側にあった「引く3」が第一式では＝の左側にきて「足す3」になっています。

これから、＝の一方側にある数を他方側へ移すのには、「足す」を「引く」に、「引く」を「足す」に直せばよいことがわかります。

たとえば、

ある数から4を引いたら11になった。ある数はいくらか。

という問題があったならば、まずある数をxで表わして、問題のいう意味を式に書きますと、

$$x-4=11$$

となります。ここでxを求めるには、＝の左側の「引く4」を「足す4」にして右側へ移して、

$$x=11+4$$
$$=15$$

とすればいいのです。

もう一つやってみましょう。

ある数の2倍に3を加えたら15になった。ある数はいくらか。

例によって、そのある数をxとして、問題のいうことを式に書いてみますと、

$x\times2+3=15$

となります。ここで＝の左側の「足す3」を「引く3」に直して右側へ移しますと、

$x\times2=15-3$

すなわち、

$x\times2=12$

となりますから、ここで＝の両側を2で割りますと

$x=6$

となって答が出ます。

このように、「足す」すなわち「プラス」と、「引く」すなわち「マイナス」をとりかえて、＝の反対側へ移すことを、**移項する**と申します。

なお、この問題に出てくる

$x\times2$

と

$2\times x$

は同じですが、代数ではこの×という記号を・でおきかえて、これらを

$$x \cdot 2$$

または

$$2 \cdot x$$

で表わします。しかし、ある数と文字とを掛けるばあいには、数の方を先に書いた

$$2 \cdot x$$

という書き方のほうを採用します。しかも、さらにこの・をも省略して

$$2x$$

と書くのがふつうです。この書き方にしたがって前の計算をもう一度書いてみますと

$$2x + 3 = 15$$

$$2x = 15 - 3$$

$$2x = 12$$

$$x = 6$$

となります。どうです。おわかりになりましたか。

おわかりになりましたら、次の式からxを求めよ。という問題を解いてみてください。

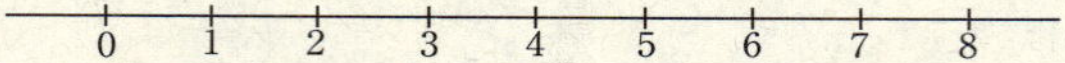

(1) $x-2=5$

(2) $x+5=8$

(3) $x-10=12$

(4) $2x-3=17$

(5) $3x+2=11$

(6) $5x-2=23$

(7) $10x-3=17$

(8) $4x-1=11$

インドの有名な数学者ブラマグプタが、六二八年に書いた書物を、一八二七年にイギリスの裁判官コールブルークが英訳しましたが、それによりますと、ブラマグプタは、ここにお話ししましたように、まだわからない数を記号で表わして式を作り、これからその数を求めるという、代数の方法をよく知っていたことがわかりました。

ではこんどは次の問題を考えてみてください。

$$x+7=5$$

前と同じ要領で、「足す7」を他方へ移して、すなわち移項して「引く7」にしますと

$$x=5-7$$

となりますが、こんどはちょっと困ります。それは5から7が引けないからで

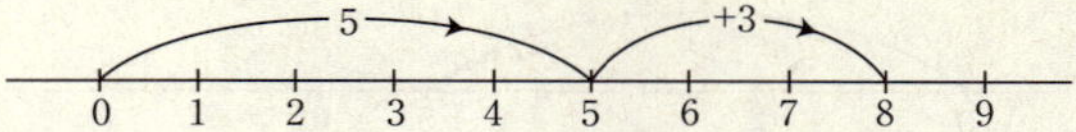

す。

前にみなさんにやっていただきました問題(1)から(8)までは、みんなうまく答が出たでしょう。ところが、それと見たところすっかり同じ形をしているところのこの問題に答が出ないというのはどうも困ったものです。

そこでわれわれは次のように考えます。まず一本の直線を横に引いて、その上に一つの点をとってください。そしてこの点を0として、そこから右の方へ、適当な長さを単位として、1、2、3、4、5、……とこれに目盛りをつけてください。そうすれば、われわれの考えている数は、この直線の上で、ちょうどその目盛りをもった点で表わされます。しかも、数の足し算と引き算とは、この目盛りの上でこれを行なうことができます。

たとえば、

$$5+3$$

という足し算をするには、まず0から右へ5だけ行ったところに5という目盛りの点をとり、そこからさらに右へ3だけ行ってその目盛りを見ればよいわけです。目盛りはもちろん8ですから、答は8です。

次に、たとえば

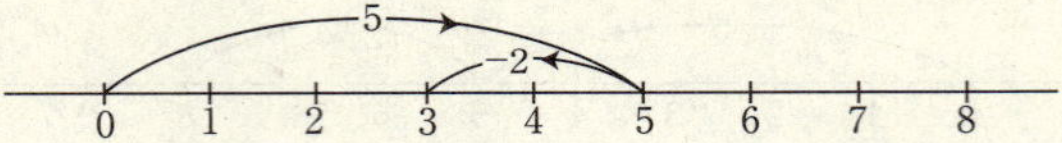

5−2

という引き算をするには、まず0から右へ5だけ行ったところへ5という目盛りの点をとり、そこからこんどは左へ2だけ行ってその目盛りを見ればよいわけです。目盛りはもちろん3ですから、答は3です。

同じように

5−5

という引き算をするには、まず0から右へ5だけ行ったところに5という目盛りの点をとり、そこから左の方へ5だけ行ってその目盛りを見ればよいわけです。目盛りはもちろん0ですから、答は0です。

ではいよいよ前に問題になった

5−7

という引き算を考えてみましょう。そしてこの問題をいままでの引き算とすっかり同じように考えて、目盛りの上でやってみましょう。

まず0から右へ5だけ行ったところに5という目盛りの点をとります。次にこの点から左の方へ7だけ行きますと、0から左へ2だけ行き過ぎてしまいます。そしてそこには目盛りがありません。目盛りがないものですから、

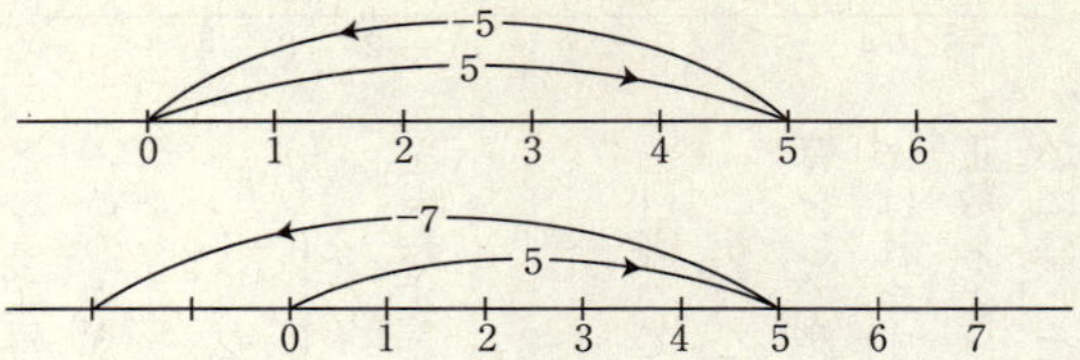

ふつうは5から7は引けないというわけです。

もし0から左の方にも目盛りがあったならば、この引き算はできることになって答が出るはずです。ではどんな目盛りをつけたらよいでしょうか。

0から右へ1だけ行ったところは、0に1を加えたものを表わしているのです。それなら0から左へ1だけ行ったところは、0から1を引いたもの、すなわち

$$0-1$$

を表わすはずです。ところが0＋1は0＋1＝＋1＝1と同じですから、そこでわれわれは、1を引くばあいにも0を省略して、これを

$$-1$$

という記号で表わします。そしてこれをマイナス1と読みます。

同じように0から左へ2だけ行った点は、0から2を引いたもの、すなわち

$$0-2$$

を表わすはずです。そこでわれわれは、0を省略して、これを

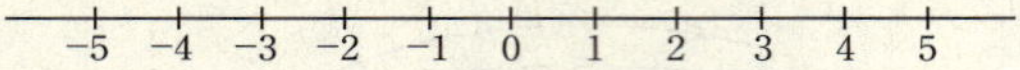

−2

という記号で表わします。そしてこれをマイナス2と読みます。

このように、0から左の方へは、それぞれ

0−1 0−2 0−3 0−4 0−5 0−6 …… ……

を表わすところの

−1 −2 −3 −4 −5 −6 …… ……

を目盛っていくことにします。これらの読み方はもうおわかりでしょう。

こうして、0の左側に目盛られたものをも、われわれはやはり数と考えて計算をしていこうというのです。0の左にある数は、**マイナスの数**または**負数**とよばれますが、これに対していままでの0の右にある数は、**プラスの数**または**正数**とよばれます。そしてある数がプラスであることをはっきり示したいばあいには、それに+の記号をつけて表わします。

さて、ここでもとへもどってもう一度

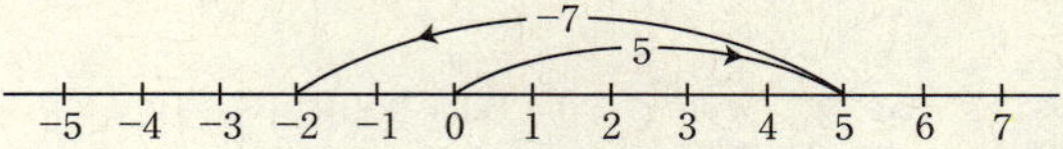

$$5-7$$

という引き算を考えてみましょう。まず目盛りのつけられた直線の上に、5という目盛りの点をとります。次に、この点から左の方へ7だけ行ってその目盛りを見ますと、目盛りは−2です。したがって

$$5-7=-2$$

と答えることができます。

この計算はまた

$$\begin{aligned}5-7&=5-(5+2)\\&=5-5-2\\&=0-2\\&=-2\end{aligned}$$

というぐあいに考えて答を出してくださってもけっこうです。

どうですみなさん、マイナスの数というのがおわかりになりましたか。インドの人たちもじつはこのマイナスの数のことを、かなり昔から知っておりました。みなさんも負けずにひとつ次の問題をやってみてください。

$8-3$

$2-3$

$5-8$

$7-4$

$13-15$

$3-10$

$7-10$

$21-36$

これらができましたら、こんどは次の式からxを求めてみてください。

$x+2=8$

$x+7=2$

$x+3=9$

$x+28=13$

$x-3=5$

$x+15=10$

$x+30=17$

さてわれわれは、小さな数から大きな数を引いて、その答がマイナスの数、すなわち負の数となるような計算ができるようになりました。

こんどは、問題じしんがマイナスの数を含んでいるばあいを考えておかなければなりません。たとえば

$3+(-5)$

という問題はどうでしょう。

この問題は

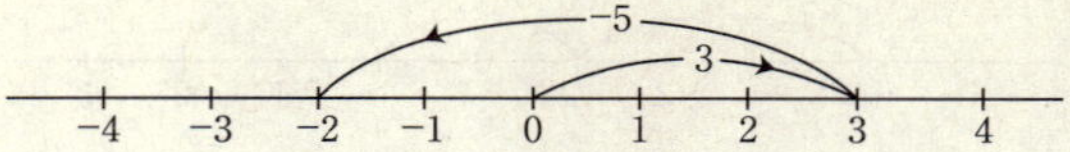

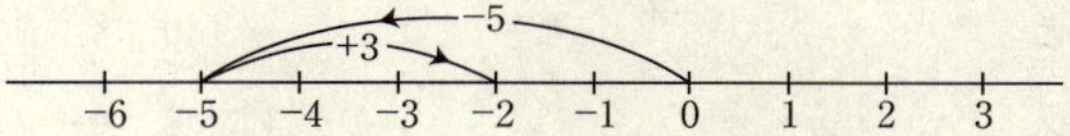

$$3+(-5)$$
$$=3+(0-5)$$
$$=3-5$$
$$=-2$$

と考えてすぐ答ができます。すなわち

マイナスの数を加えるというのは、けっきょく引き算と同じです。

この問題を図の上でやるのでしたら、まず0から右の方へ3だけいったところに3という目盛りの点をとり、次にこんどは左の方へ5だけ行って目盛りをみればよいのです。答はもちろん−2です。では

$$(-5)+3$$

はどうでしょう。

しかしわれわれは、数の足し算というものはその足す順序に関係せずに同じ答を与えることを知っております。ですからこの問題は

$$3+(-5)$$

と考えて計算すれば前と同じ答が得られます。また図の上でやるのでしたら、上図のように、まず0から左へ5だけ行ったところに−5を表わす点をとり、そこから右の方へ3だけ行けば−2に達しますから、これを答としてもよいわけです。

ではこんどは

$$(-2)+(-3)$$

という問題を考えてみましょう。これも

$$\begin{aligned}&(-2)+(-3)\\&=(0-2)+(0-3)\\&=0-2-3\\&=0-(2+3)\\&=0-5\\&=-5\end{aligned}$$

と考えて答を出すことができます。

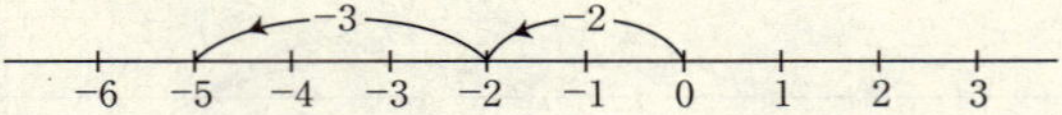

図の上では上のようにすればよいことはもうおわかりでしょう。

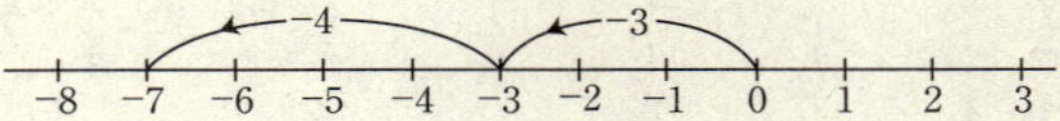

さて、ここでは、マイナスの数を含んだ足し算のお話をしました。こんどはマイナスの数を含んだ引き算を考えてみます。まず

$(-3)-4$

はどうでしょう。これは

$$
\begin{aligned}
&(-3)-4\\
&=(0-3)-4\\
&=0-3-4\\
&=0-(3+4)\\
&=0-7\\
&=-7
\end{aligned}
$$

と考えて答が出せますね。または図の上でやるのでしたら、まず0から左へ3だけ行った-3の目盛りのところへ点をとり、そこからさらに左の方へ4だけ行けば-7に達しますから、これを答とすればよいわけです。

では

$5-(-3)$

のように、マイナスの数を引くという計算を考えてみましょう。これはいままでのように簡単にはいきません。ひとつしっかりと考えてみましょう。まず答をxとしてみます。すなわち

$$x=5-(-3)$$

です。ところがわれわれは、=という記号の一方から他方へ、+は−に、−は+にかえて移してもよいことを知っております。ですから前の式は

$$x+(-3)=5$$

と書いてもよいはずです。この式はまた

$$x-3=5$$

とも書けます。ここでまた−3の−を+にかえて=の他方へ移しますと

$$x=3+5$$

となりますから、けっきょく

$$5-(-3)=5+3$$

であることがわかります。つまり、

マイナスの数を引くというのは、じつはそれのマイナスをとった数を加えることです。

たとえば、

$4-(-2)=4+2=6$

$-3-(-5)=-3+5=2$

$-8-(-3)=-8+3=-5$

です。

さてこれでみなさんは、プラスの数、マイナスの数の足し算引き算が自由にできるようになりました。ひとつ次の問題をやってごらんになりませんか。

$3-5$

$8-11$

$-3+8$

$5-6$

$-3-4$

$-7+4$

$-10-2$

$7-8$

$8-(-3)$

$-3+(-8)$

$4-(-3)$

$-5+8$

$-7-(-2)$

$-5-6$

$-5-(-3)$

$-12-(-3)$

次の式からxを求めよという問題はどうですか。

$$x+3=2$$
$$x-3=8$$
$$x+8=6$$
$$x-5=-3$$
$$x+(-2)=-8$$
$$x-(-3)=8$$
$$x-(-8)=5$$

では次に、マイナスの数を含んだ掛け算の問題に移りましょう。

まず

$$(-3)\times4$$

を考えてみましょう。4倍するというのは、その数を4回加えることです。したがって

$$(-3)\times4=(-3)+(-3)+(-3)+(-3)$$
$$=-(3\times4)$$
$$=-12$$

です。では

$4\times(-3)$

はどうでしょう。われわれは、掛け算というものはその掛ける順序に関係しないことを知っていますから、

$4\times(-3)=(-3)\times4=-(3\times4)=-12$

として計算すればよいわけです。

最後に、マイナスの数とマイナスの数の掛け算、たとえば

$(-3)\times(-4)$

を考えてみましょう。

その前に、いままでにもう答を知っている二つの掛け算

$3\times(+4)=+(3\times4)$

$3\times(-4)=-(3\times4)$

を思いだしてください。これらの式から、

掛け算は、掛けられる数をそのままとし、掛ける数の符号を変えれば、答の符号も変わる。

ということがわかります。ところが

$$(-3)\times(+4)=-(3\times4)$$

です。したがって掛けられる数-3をそのままとし、掛ける数$+4$の符号を変えて-4としますと、答の符号は変わるはずですから、

$$(-3)\times(-4)=+(3\times4)$$
$$=12$$

となって答が求められます。

以上掛け算の規則をまとめますと

（正数）×（正数）＝（正数）

（正数）×（負数）＝（負数）

（負数）×（正数）＝（負数）

（負数）×（負数）＝（正数）

となります。つまり

同じ符号をもった数どうしの掛け算の答は正の数、違った符号をもった数どうしの掛け算の答は負の数。

と覚えておけばよいわけです。0との掛け算は、あいてが正の数であろうと負の数であろうと、あるいは0であろうと、その答がまた0であることはもちろんです。

では次の問題を練習してみてください。

3×(−2)

5×(−4)

(−2)×4

(−3)×8

(−2)×(−8)

(−2)×(−6)

(−7)×4

5×(−3)

私は前に、ある数を二度掛けることを、その数を二乗する、または平方するというと申しあげました。そして逆に、ある数があるとき、二乗、すなわち平方するとちょうどその数になるような数を、その二乗根または平方根とよぶとも申しあげました。

そのとき、たとえば9の平方根は3であると申しあげましたが、なるほど3を二度掛けると、

$$3 \times 3 = 9$$

でたしかに9となります。ところが、前の掛け算の規則によりますと、9の平方根には、-3もあることがわかります。なぜなら

$$(-3) \times (-3) = 9$$

となって、-3の二乗はたしかに9となるからです。

ですから、前に申しあげたことは、じつは訂正して

9の平方根は$+3$と-3である。

としておかなければなりません。

このことは、インドの数学者バスカラがじつによく了解しておりました。彼は次のようにいっております。

「正数の平方も負数の平方もともに正である。正数の平方根は二つあって、一つは正、一つは負である。負数の平方根は存在しない。なぜなら、どんな数の平方も正または0であって負とはならないから」

最後に、負の数を含んだ割り算のお話が残りました。

まず

$$(-6) \div 2$$

を考えてみましょう。いまこの答をxと書きますと、

$$(-6)\div2=x$$

となりますが、この式はじつは

$$-6=x\times2$$

と同じことを意味しています。したがって前の掛け算の符号に関する表を見ていただけば、xが負数でなければならぬことがわかります。xが負とわかれば、じつは

$$x=-3$$

であることは、すぐおわかりでしょう。すなわち

$$(-6)\div2=-3$$

です。まったく同様に

$$6\div(-2)=-3$$

であることもすぐわかります。

最後に

$$(-6)\div(-2)$$

はどうでしょう。この答をxとおきますと

$$(-6)\div(-2)=x$$

したがって

$$-6=x\times(-2)$$

ですから、xの符号は正であることがわかります。xの符号が正とわかれば

$$x=+3$$

であることを見破るのはなんでもないでしょう。すなわち

$$(-6)\div(-2)=+3$$

です。

以上、割り算の符号に関する規則をまとめますと、

(正数)÷(正数)＝(正数)

(正数)÷(負数)＝(負数)

(負数)÷(正数)＝(負数)

(負数)÷(負数)＝(正数)

となりますが、これは掛け算のばあいとまったく同じですから、あのときと同じ要領で覚えておけばよいわけです。では次の問題をやってみてください。

$$8\div2$$
$$(-8)\div2$$
$$(-16)\div4$$
$$12\div(-3)$$
$$(-18)\div(-9)$$
$$(-21)\div3$$
$$(-28)\div(-7)$$

さて、これらの計算がおできになれば、次の式からxを求めよ、という問題もきっとできるはずですから、ひとつやってみてください。

$$x+3=7$$
$$x+5=-2$$
$$x-3=8$$
$$x+8=-4$$
$$2x+3=9$$
$$2x+5=-7$$
$$-3x+2=8$$
$$-3x+4=13$$
$$-5x+7=-13$$

ここに、$2x$、$3x$、$5x$等の意味はおわかりでしょうね。それぞれ2掛けるx、3掛けるx、5掛けるxの意味です。

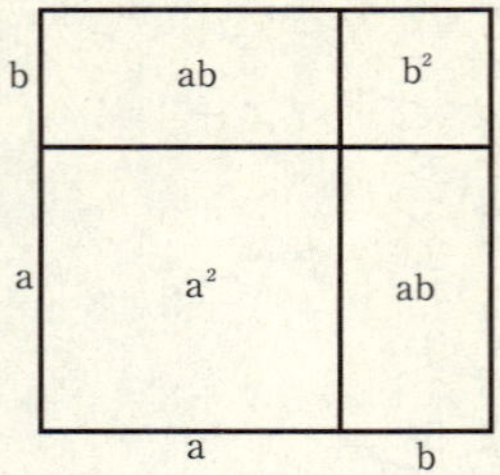

このように、まだその値がわからない数、このばあいにはxを含む等式のことを、われわれは**方程式**とよびます。そして前の問題にあげたような方程式をとくに**一次方程式**とよびますが、インドの人たちはこの一次方程式の解き方をよく知っておりました。

しかも、**二次方程式**とよばれる

$$x^2+2x-8=0$$

の形の方程式の解き方も知っていました。その答の見つけ方をお話してみましょう。

前にピタゴラスの定理のところで、一辺の長さが$a+b$であるような正方形の面積は、一辺がaの正方形、一辺がbの正方形、二辺がそれぞれa、bである二つの長方形の面積の和になることをお話しました。このことを式に書いてみますと

$$(a+b)^2=a^2+2ab+b^2$$

となります。したがって、aの代りにx、bの代りに1としますと、

$$(x+1)^2=x^2+2x+1$$

となります。

さて、問題の方程式は

$$x^2+2x=8$$

$$x^2+2x+1=9$$

と書き直せますから、したがって

$$(x+1)^2=9$$

です。ここで＝の両側の平方根を求めますと、9の平方根は二つあって、一つは＋3、一つは－3であることに注意しますと、

$$x+1=+3$$

または

$$x+1=-3$$

したがって

$$x=2$$

または

$$x=-4$$

となって答が求められます。

この解き方も、前にお話したバスカラは知っておりました。

アラビアのアルクワラズミー（八二五年ごろの人）も、この代数の発達につくした人ですが、この人の書いた「アルジェブル・ワルムカバラ」という代数の本は、のちにヨーロッパへ輸入されて、よく読まれました。いまは代数のことを英語で「アルジェブラ」（algebra）とよびますが、これはこの本の題名からきているといわれています。

インドから、アラビアを経てヨーロッパへ輸入された代数は、ヨーロッパの学者たちの手によって、ますます発達していったのでした。

現在われわれが使っている便利な記号は、いずれもこれらの学者たちが、いろいろと研究のすえ考えだしたものです。

たとえば、＋－という記号はウィッドマンという人が、平方根の記号√はルドルフという人が、等しいという記号＝はレコードという人が、掛ける記号×はオートレッドという人が、それぞれ使いはじめたのが最初であるといわれています。

パスカル

フランスの大数学者ブレーズ・パスカルは、一六二三年の六月に、オーヴェルニュ地方のクレルモン・フェランというところに生まれました。

おとうさんのエティエンヌ・パスカルは、この地方の貴族の出でありましたが、若いころパリに留学して法律を学び、弁護士となった人です。そしてのちには国王の参事員になりました。

またおとうさんは、ギリシア語、ラテン語等の古いことばに詳しく、数学や技術にも深い知識をもち、音楽もよく理解したといわれています。したがっておとうさんは、当時の有名な数学者や科学者を自宅に呼んで、科学に関する問題を論じるのが常でした。このお客様のなかには、当時の有名な数学者でしかも建築技師であったデザルクという人もまじっておりましたが、若いパスカルは、この人の話にはとくに熱心に耳を傾けていたそうです。

このようにりっぱな教養をそなえたおとうさんは、その子パスカルの教育についてじつに用意周到でありました。あまり小さいときからむずかしいことを教えて、頭を使いすぎることはよくないと考えましたので、パスカルが十五歳になるまでは、数学を教えないつもりでした。

そしてそのかわり、パスカルの注意を、自然界におこるいろいろな現象へ向けるようにしむけました。

瀬戸物のさらを棒でたたくと大きな音がしますが、これをおさえると音はすぐ止まります。このことに注意したパスカルは、さらにいろいろな実験をくりかえして、とうとう音に関する論文を一つ書きましたが、これはパスカルが十二歳のときでありました。

さてパスカルは、おとうさんから数学の勉強をとめられていました。しかし、とめられるとなおやりたくなるのが人情です。パスカルもだんだん大きくなるにつれて、数学の勉強がしたくてたまらなくなってきました。しかしおとうさんはなかなか許してくれそうもありません。とうとうパスカルはおとうさんにかくれて、こっそり数学の勉強をするようになりました。外へ遊びに行っても、しばらくすると道の上に円や三角形の図を描いていっしょうけんめい勉強していました。こうして先生にも教わらず、本も読まずにパスカルの研究はだんだんと進んでいきました。

あるヨのことパスカルは、いつものとおり道ばたに三角形を措いて、長い間これをながめていましたが、とうとう

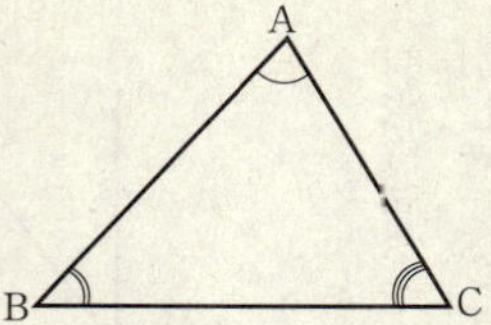

三角形の内角の和は二直角である。

ということを、自分の力で発見してしまいました。

前にもお話しましたように、このことは古くから知られてはいたのですが、パスカルはだれからも何も教わらず、しかも独力でとうとうこんなすばらしい定理を発見したのですから、パスカルの喜びようといったらありませんでした。あまりのうれしさに、おとうさんから数学の勉強はしてはいけないといいわたされていることも忘れて、これをおとうさんに話しました。

自分の子が数学の大天才であることを知ったおとうさんは、自分が数学の勉強を禁じてあったことも忘れて、

「よくやった」

といってわが子を胸に抱いて涙を流して喜びました。これはパスカルがまだ十二歳のときのお話ですよ。

それからというものは、おとうさんはパスカルに多くの数学の本を買い与え、数学

の勉強をすすめました。多くの良い本を手に入れることができるようになったパスカルは、これらの本を友だちとしてますます熱心に数学の勉強を続けていきました。しかもこんどは、おとうさんが手をとって、古典語、哲学、数学を教えてくれるようになったのですから、まったく鬼に金棒でした。

そしてついにパスカルは十六歳のときに「円錐《えんすい》曲線試論」というすばらしい書物を完成したのでした。そのころのフランスの数学の大家デカルトでさえ「円錐曲線試論は、どうみてもわずか十六歳の少年の書いた本とは思われない」といって驚いたといわれております。

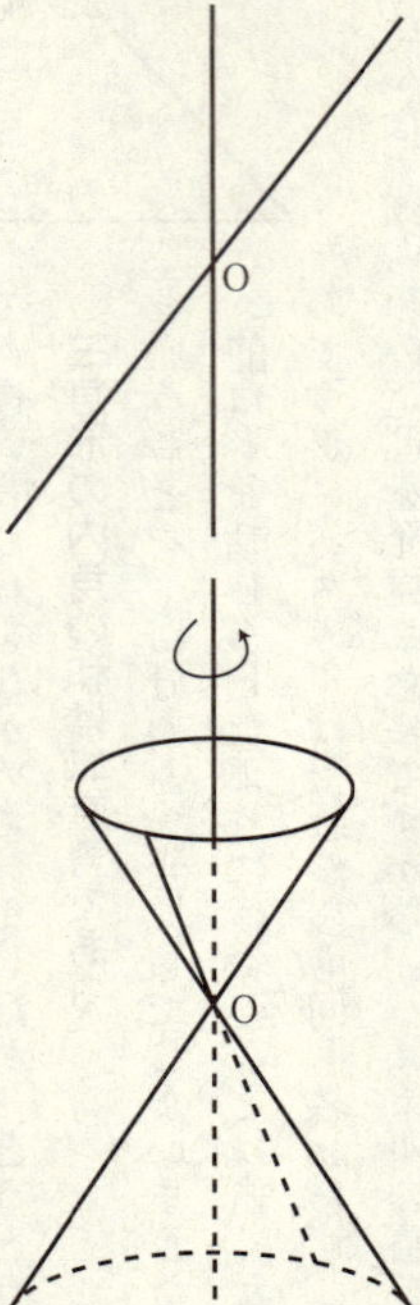

射影幾何学で有名な「パスカルの定理」は、このときに発見された定理の一つです。しかし惜しいことに、パスカルは健康にはめぐまれていませんでした。このように数

学の多くの重要な定理を発見して、数学界のためにつくしたパスカルは、多くの数学者たちに惜しまれながら、わずか三十九歳でその短いしょうがいを終えたのでした。

では次に、パスカルの残した業績の一端を知るために、前に出てきた円錐曲線とは何かということと、有名なパスカルの定理とはどんな定理であるかをお話してみましょう。

まず、一つの点Oで交わるところの二本の直線を考えてください。いまその一本を軸として、他方をそのまわりに一回転させますと、ちょうど右の図のような曲面ができます。この曲面のことをわれわれは**円錐**とよぶのです。

まったく同じことですが、この円錐は次のようにしても作られます。まず平面の上に一つの円を描いておきます。次に、この円の中心から、この平面のま上のどころに一つの点Oを定めます。この点Oと円周上の一点とを結ぶ直線を考えておいて、その一端である円周上の点をこの円に沿って一周させるのです。そうしますとここに前と同様な円錐が得られます。

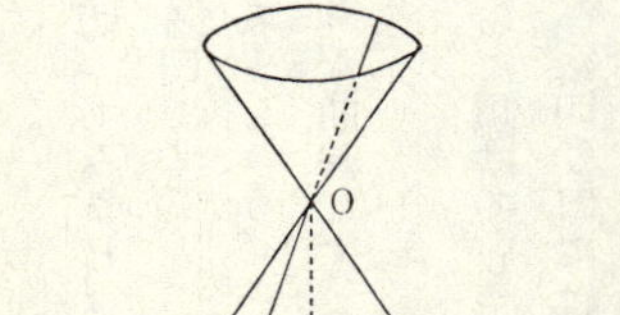

このばあい、点Oのことを円錐の**頂点**、円錐を描く直線

のことを円錐の**母線**とよびます。

さてこの円錐を、これを描くのに使った軸に垂直な平面で切ってみましょう。その切り口に現われる曲線は、もちろんわれわれのよく知っている円です。

ではこんどは、この平面を少しく傾けてこの円錐を切ってみましょう。その切り口に現われる曲線は、ちょうど左図のように、円をつぶしたような曲線です。この曲線をわれわれは**楕円**《だえん》または**長円**とよびます。

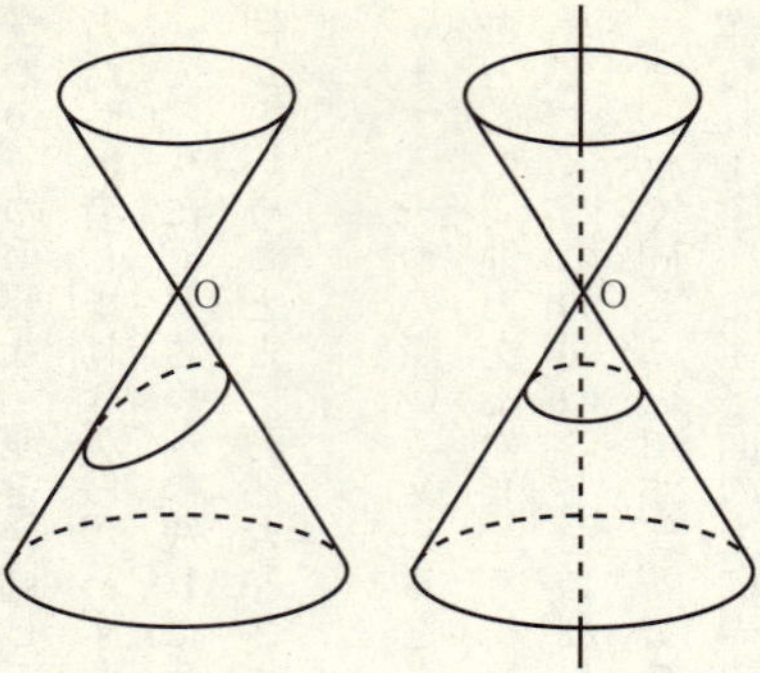

次に、この平面を、さらに傾けていってみましょう。そうしますと、ついに切り口には次ページの右の図のように一方へ無限に広がった曲線が現われます。この曲線は、ちょうど空中へ物を投げ上げたときにその物体が描く曲線と同じですので、**放物線**とよばれています。

さらにこの平面を傾けてみましょう。そうしますと、平面は、円錐の頂点Oの両側で円錐を切り、切り口には双方へ無限に延びた曲線が現われます。このような曲線をわれわれは**双曲線**とよびます。

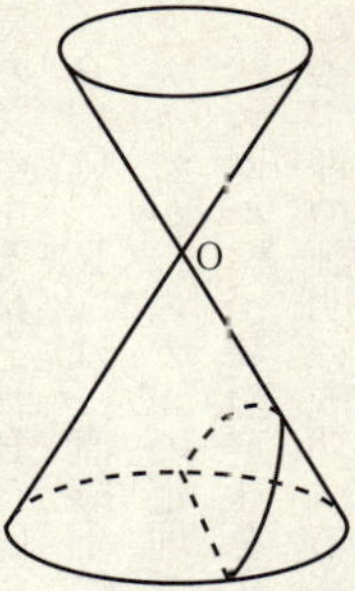

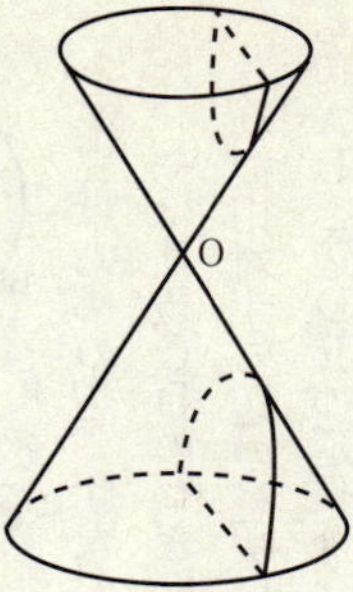

さて、楕円、放物線、双曲線という三種類の曲線は、いっけん似た形はしておりませんが、じつはいずれもある円錐を平面で切った切り口に現われる曲線であるという共通の性質をもっています。そこでわれわれはこれらをまとめて**円錐曲線**とよぶのです。

パスカルが、その「円錐曲線試論」で論じたのは、このような曲線の性質であったのです。

さてこの円錐曲線の性質のなかに、次のようなおもしろいのがあります。それは、

円錐曲線に内接する六角形の、相対する辺の延長の交点は一直線上にある。

というのです。この定理が有名なパスカルの定理です。その意味を以下に説明してみましょう。

まず「円錐曲線に内接する六角形」の意味はおわかりですか。これは、円錐曲線の上にその頂点をもっている六角形という意味です。したがって、一つの円錐曲線を描いておいて、その上に順々に点A、B、C、D、E、Fをとって、順々に結んでいき

ますと、ここに円錐曲線に内接する六角形ＡＢＣＤＥＦが得られます。ここに線分ＡＢ、ＢＣ、ＣＤ、ＤＥ、ＥＦ、ＦＡは、この六角形の辺です。

次に、この「六角形の相対する辺」というのはどれとどれであるかおわかりですか。まず辺ＡＢと相対する辺というのは、辺ＡＢのつぎから数えて第三ばんめの辺、すなわち辺ＤＥのことです。次に辺ＢＣと相対する辺というのは、辺ＢＣのつぎから数えてやはり第三ばんめの辺、すなわち辺ＥＦのことです。最後に辺ＣＤと相対する辺というのは、やはり辺ＣＤのつぎから数えて第三ばんめの辺、すなわち辺ＦＡのことです。

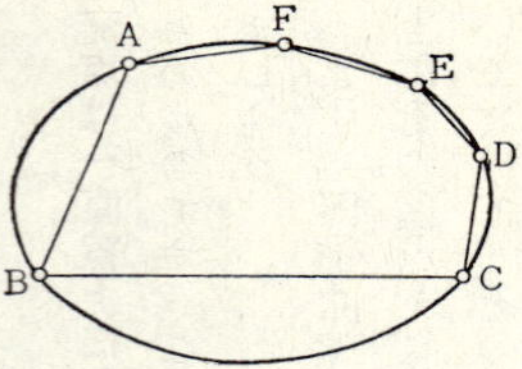

これで相対する辺の意味はわかりましたから、「相対する辺の延長の交点」すなわち辺ＡＢと辺ＤＥの延長の交点、辺ＢＣと辺ＥＦの延長の交点、辺ＣＤと辺ＦＡの延長の交点をそれぞれＰ、Ｑ、Ｒとしますと、

Ｐ、Ｑ、Ｒ、は一直線上にある

というのがパスカルの定理です。じつにすばらしい定理でしょう。

パスカルは、この定理を発見して、みごとな証明を与えたのでしたが、パスカルがこの定理の証明に成功するまでには、次のような苦心談があったということです。

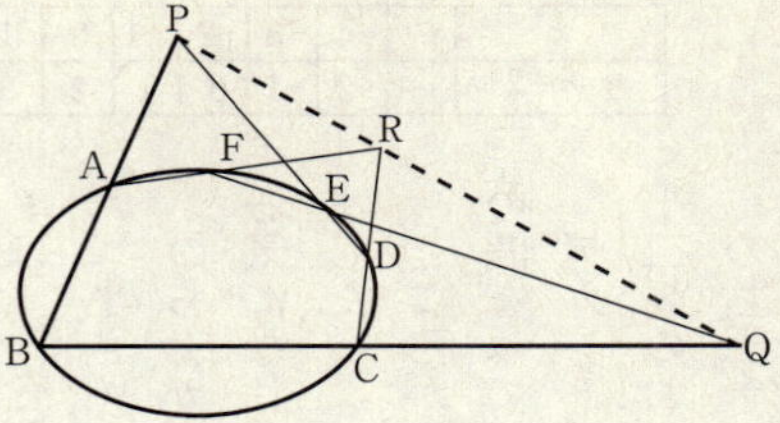

この定理を思いついたパスカルは、毎日毎日その証明を考え続けましたが、さすがのパスカルにとっても、これはなかなかの難問でした。考えつかれたパスカルが、ある日とうとうとしますと、夢まくらに神様が現われて、パスカルにとてもうまいヒントを与えてくださいました。はっとして目のさめたパスカルは、さっそく机に向ってこの難問をといてしまったというのです。

このためでしょうか。円錐曲線に内接する六角形のことを、パスカルの神秘六角形とよぶ人があります。

x	…	−4	−3	−2	−1	0	1	2	3	4	5	…
$y=x+2$	…	−2	−1	0	1	2	3	4	5	6	7	…

デカルト

数と図形とを結びつけて、**解析幾何学**とよばれる幾何学を創始したデカルトは、一五九六年に、フランスのある貴族の家に生まれました。彼ももちろん、小さいときから数学が大好きでありました。

のちデカルトはパリーへ留学しましたが、どうしても貴族的な生活をおくる気になれませんでしたので、軍人を志願して、モーリス公の軍隊にはいりました。

ところが当時の軍隊生活はまことに暇でありましたので、デカルトは軍務の間をみては好きな数学の勉強を続けました。

デカルトが、その解析幾何学にたいする着想をはじめて得たのは、彼が二十三歳のおりドナウ河畔の野営の夢のなかであったといわれています。

のち三十二歳のおりにオランダに移り、ここではもっぱら哲学の研究に没

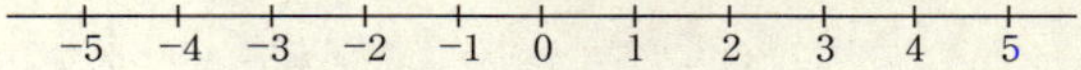

頭しました。そしてそれから九年ののちには、近代哲学史上の名著「方法叙説」を出版したのでした。そしてその付録として三つの論文を発表しましたが、そのなかの一つが、有名な解析幾何学を創始したものでありました。

晩年にはデカルトは、スウェーデンの女王様のお招きによってストックホルムに移りましたが、一六五〇年に、そこで病をえてなくなりました。

では以下に、デカルトの考えた解析幾何学とはどんなものであるかをお話してみましょう。

たとえば、

$$x+2$$

という式を考えてください。この式は、xにいろいろの値を入れますと、それにしたがっていろいろな値をとります。ですから、

$$y=x+2$$

とおいて、xがいろいろな値をとったときのyのとる値を表にしてみますと、前ページの表のようになります。

どうですみなさん。これから、xがだんだんに変化していくときの、yの変化のようすがよくおわかりになりますか。

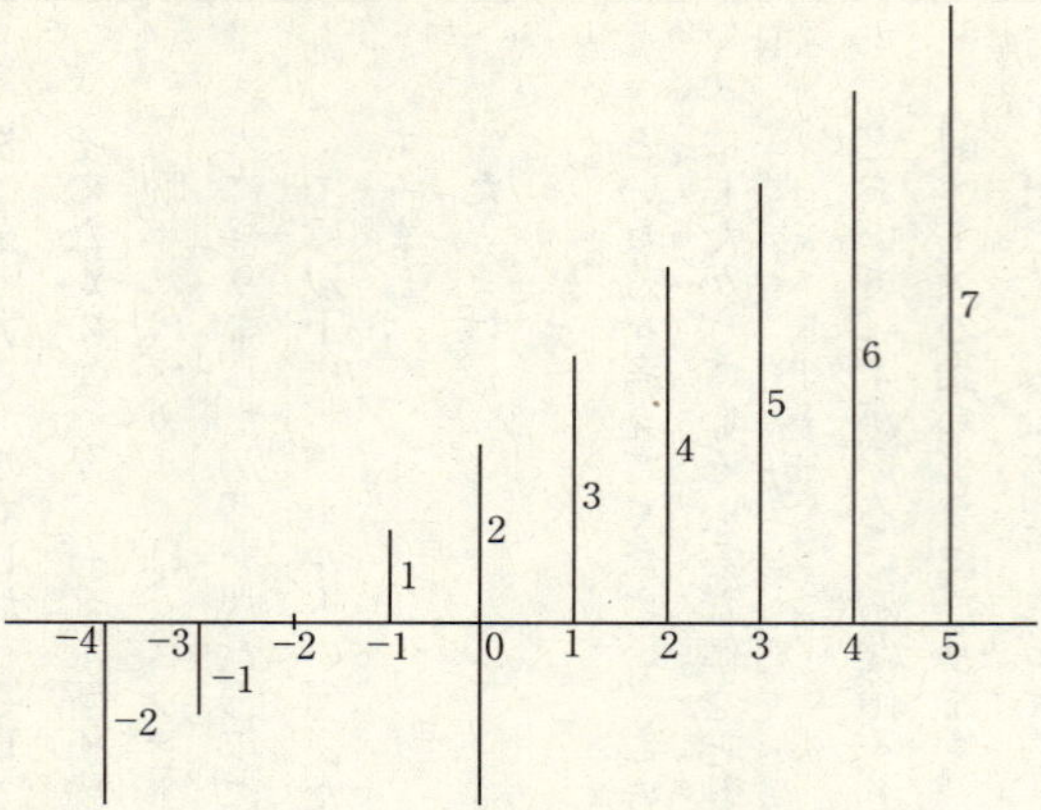

これはまあ、あまりはっきりはわからないというほうがほんとうでしょう。では、この変化のようすを一目りょうぜんにするにはどうしたらよいでしょうか。それには、この変化を表わす図を使うのがうまい方法です。

さて、まずxを図で表わすには、われわれはすでにうまい方法を知っております。それは、まず一本の直線を横に引いて、その上に0を表わす点を定《き》め、正の数は0の右側へ、負の数は0の左側へ目盛ってこれを表わすという方法でした。

ですから問題は、yのほうをどうして表わすかにあります。それには、xは横の方へ測ってこれを表わしたのだから、yはこんどは縦の方へ測ってこれを表わすことに

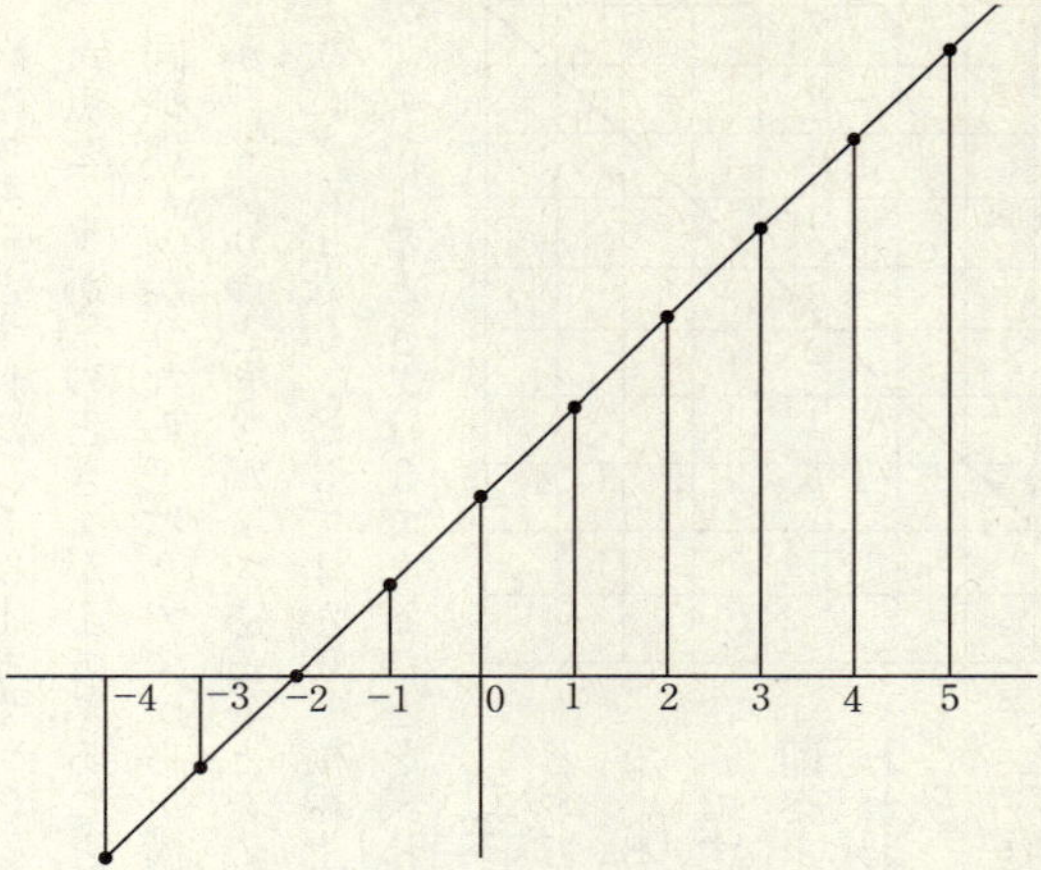

してはどうか、というのがデカルトの考えです。

つまり、xを-4としますとyは-2となるのですから、横線で-4を表わす点から、下の方へ2だけ行ったところに点をとり、この点が、xが-4のときyが-2であることを表わす点であると考えるのです。

同じようにxを-3とすればyは-1ですから、横線で-3を表わす点から、下の方へ1だけ行ったところに点をとり、この点が、xが-3のときにyが-1であることを表わす点であるとします。

次にxを-2とすればyは0ですから、横線上で-2を表わす点から、上下へ少しも行かない点、すなわちその点じしんを、xが-2のときにyが0であることを表わす点と考えます。

次にxを-1とすれば、yは1ですから、横線上で-1を表わす点から、上へ1だけ行った点を、xが-1のときyが1であることを表わす点と考えます。

同様に、xが0ならyは2ですから、横線上で0を表わす点から上へ2だけ行った点が、xが0のときyが2であることを表わす点となります。

次にxが1ならyは3ですから、横線上で1を表わす点から、上へ3だけ行った点が、xが1のときyは3であることを表わす点となります。

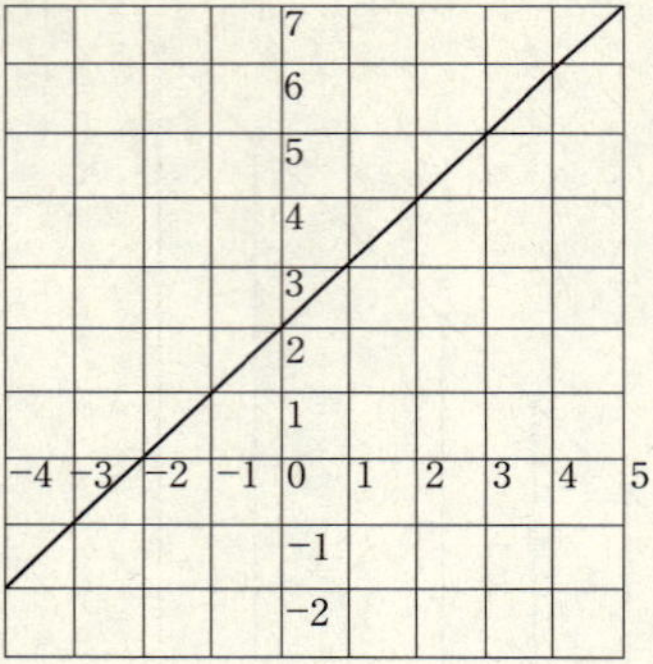

以下まったく同様ですが、このようにして点をとっていきますと、これらの点が一直線上に並んでいることに気づきます。

ですからこれらの点を結んだ直線を作りますと前ページの図のようになりますが、この直線こそわれわれがいま考えている

$$y = x + 2$$

という式で結ばれたxとyとのたがいの変化のようすを一目りょうぜんと見せてくれるものです。

これをわれわれは、方程式

$$y = x + 2$$

のグラフとよびます。この一次方程式のグラフは直線になっているわけです。

なおこのようなグラフを描くには、あらかじめ縦横に直線を引いてある、いわゆる方眼紙を利用するのが便利です。すなわち方眼紙の適当な場所に基準になる横線と縦線とを引きます。そしてその交わりを0として、横線にたいしては右へ正の数左へ負の数を、縦線にたいしては上へ正の数下へ負の数を目盛っておきます。そして、

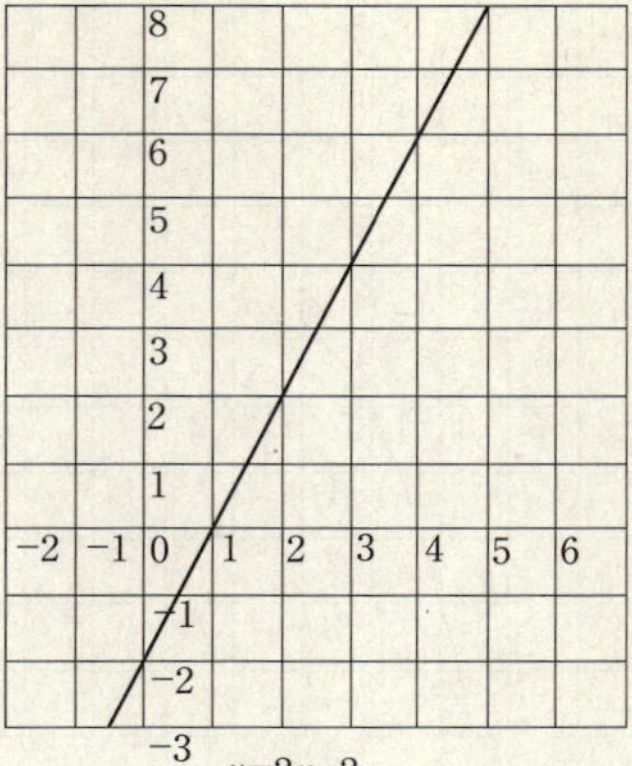

$y=2x-2$

$$y = x + 2$$

にたいして、xが−4ならyは−2、xが−3ならyは−1、xが−2ならyは0、xが−1ならyは1……というぐあいに、前の要領で点をとっていくのです。そうするとこれらの点は一直線上に並ぶことがわかりますから、この直線が、考えているxとyの間の関係を表わすグラフとなるのです。

上に、xとyの関係と、そのグラフの例をあげておきますから、みなさん試しをしてみてください。

このばあい、xを目盛ってある横線を、x軸または横軸、yを目盛ってある縦線をy軸または縦軸、その交わりを原点とよびます。

このように、二つの量xとyの間の関係を、われわれは一つの直線で表わすことができました。すなわち、xとyとの間の関係という代数における考えを、平面上の直線という幾何の考えでおきかえることができたのです。

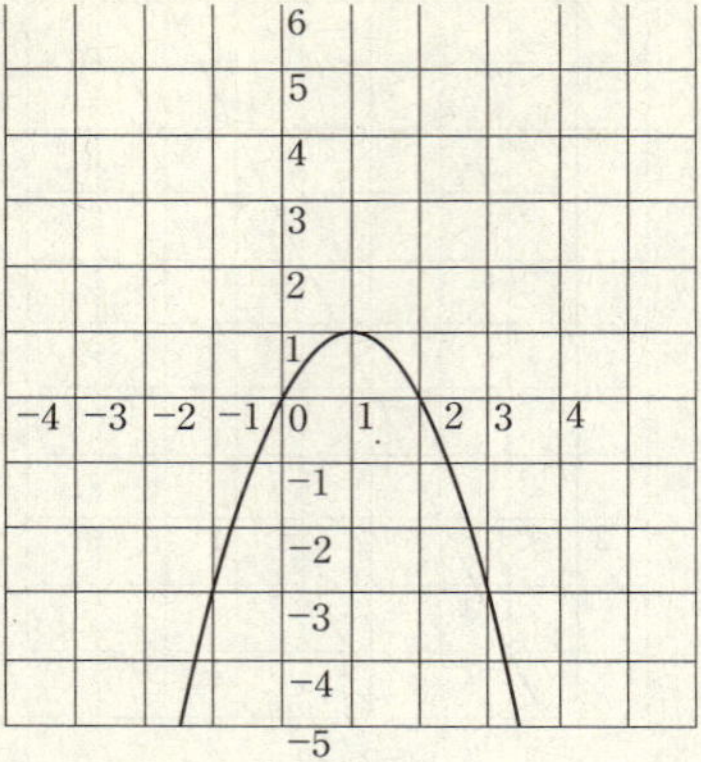

$y=2x-x^2$

さらに、たとえば

$$y = 2x - x^2$$

というxとyの関係をグラフで表わしますと、ちょうど上図のようなグラフで表わされます。これはじつは前にお話したことのある放物線なのです。すなわちこのばあいにも、xとyとのある関係を、一つの放物線で表わすことができました。すなわちxとyとのある関係という代数的な考えを、平面上の放物線という幾何学的な考えで表わすことができたわけです。

逆に、平面の上に何か図形がありますと、その方程式を見つけることができるのです。たとえば、原点を中心として半径が2の円があったとしましょう。いまその円周上のかってな点Pをとって、点Pからx軸に垂線PHを下ろしますと、点Pは、原点から点Hまでの距離xと、点Hから点Pまでの距離yとで表わされているわけです。ところが、原点から点Pまでの距離はいつも2ですから、

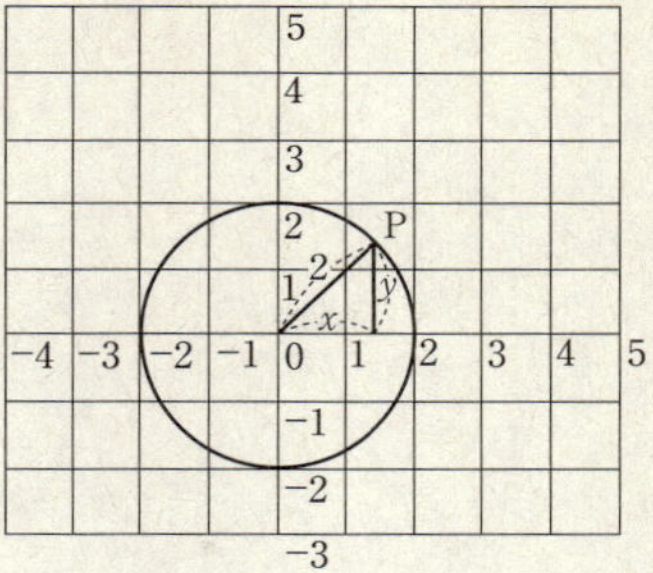

角OHPが直角である直角三角形OHPにピタゴラスの定理をあてはめますと

$$x^2 + y^2 = 2^2$$

が得られます。これは、円周上の点Pを表わす二つの数xとyの間に必ず成立すべき式です。

点Pを表わす二つの数xとyとをわれわれは点Pの座標とよびますが、このことばを使えば、前の式は、原点を中心として半径が2である円の周上のかってな点Pの座標xとyとの間に必ず成立すべき式です。このような式をわれわれは、考えている図

形の方程式とよびます。

こうしてわれわれは平面上の円という幾何的図形を、その上の点の座標の間に成り立つ方程式という代数的な式で表わすことができたわけです。

したがって、図形の性質を調べるには、それを表わす方程式の性質を調べればよいわけです。このような方法で図形の性質を調べていく幾何学をわれわれは**解析幾何学**とよんでいます。

この解析幾何学の発見は、デカルトが現在の数学に残した最大の功績です。

ニュートン

ニュートンの名を知らない人はおそらくありますまい。こんどはこの人類始まって以来の大科学者といわれたニュートンについてお話をしたいと思います。

ニュートンは一六四二年に、イギリスのグランザムに近いウールスソープという町の、貧しい農家に生まれました。かわいそうなニュートンには、生まれたときにもうおとうさんはなくなっていました。そしてニュートンはからだの弱い弱い子供でありましたので、育てるおかあさんの苦労はたいへんなものでした。

ニュートンは、十一歳のときにグランザムのキングス・スクールに入学しました。そのころニュートンは、いろいろな器械を作ることがひじょうに好きで、水時計や日時計、または水車などをいろいろとくふうしたといわれています。

ところがからだがひじょうに弱かったためか、ニュートンはいつもおしりから一ばんでした。心配した先生が、

「もっと勉強しなければいけないよ」

といっても、おばあさんが、

「もっと勉強しておくれよ」

といっても、友だちが

「ニュートンの落第ぼうずやーい」

といっても、ニュートンはいつも黙っていました。そして成績はいつもびりでした。

あるとき組のいたずらこぞうたちがニュートンのおとなしいのをよいことにして、みんなでニュートンをからかい、ついにはよってたかっておし倒して足でけったりいたしました。さすがにおとなしいニュートンも、とうとう腹をたててしまいました。しかしニュートンは手や足で友だちにしかえしはしませんでした。よし、うんと勉強して、きっと偉い学者になって、みんなを見かえしてやろう、とそのとき決心したのでした。それからのニュートンの勉強ぶりはじつに猛烈でした。そのかいあって、成績はぐんぐんと上って、とうとう組で一ばんになってしまいました。先生やおかあさん、それにニュートンをかわいがってくれたおばあさんの喜んだことはもちろんでしたが、勉強のおもしろさを知ったニュートンは、それから熱心に科学の研究を始めました。もうそんな子供のときに、十数種の発明をしたといわれています。

ニュートンはからだが弱かったので、百姓には向かないし、さいわい科学のほうがひじょうに好きなのだからというわけで、おじさんの援助で、ケンブリッジのトリニチー・カレッジへ給費生として入学することになりました。カレッジにおけるニュートンは、じっさい天才そのものでした。そして当時むずかしいといわれた本をどんどんと読んでいきました。そのなかでもとくにニュートンが愛読したのは、前にお話したデカルトの本であったといわれております。

ニュートンが大学にいるとき、ケンブリッジの町にペストがひじょうにはやったことがありました。そのとき大学はその授業を中止しましたので、ニュートンは故郷ウールスソープで二か年あまりを暮しました。有名なりんごの実の落ちるのを見たのはこのときの話です。

りんごの実の落ちるのをみたニュートンは、

「なぜりんごの実は下へ落ちるのだろう」

と考えたのです。何かが下へ引っぱっているからにちがいない。それは地球がりんごの実を引っぱっているのだということに気がついたのです。

そしてニュートンは、このりんごを引っぱる地球の力は、りんごがどんな高いところにあってもやはり作用するにちがいない。そんならこの力はお月様までもとどくだ

ろうか。もしとどくとすれば、いったいどのくらいの強さでお月様を引っぱっている
だろうか。それでもお月様がおちてこないのはなぜだろうか。さらに、このような力
は、どんな物体の間にも存在しているのではないだろうか。というぐあいに考えを進
めていきました。そしてとうとう

すべての物はおたがいにある法則によって引き合っているのだ。

という法則を発見してしまったのです。これが有名な**万有引力の法則**ですが、ニュー
トンが、このすばらしい法則を、りんごの実が落ちるのを見た瞬間に発見したと思っ
てはいけません。そのときにひじょうに大きなヒントは得たでしょう。しかしニュー
トンがこの法則をうちたてたのは、長い思索と、根気よい計算と、注意深い観測との
結果であることを忘れてはなりません。すばらしい天才は、すばらしい思いつきをす
ることはありましょう。しかしそれを発展させるのは、いつも努力です。ニュートン
ほどの天才も、その努力を欠いたならば、こんなすばらしい発見はできなかったかも
しれません。ところがニュートンは、すばらしい天才であるとどうじに、ひじょうな
努力家でもあったのです。

大学に帰ったニュートンは、バーロウ先生について、数学、物理学、天文学の研究
を熱心に続けました。そして一六六八年、ニュートンが二十六歳のときに、マスタ

ー・オブ・アーツの学位を得ました。そしてその翌年には、バーロウ先生のあとを継いで、ケンブリッジ大学の先生になったのでした。そしてそれから三十年近くもその職にとどまって、数学、物理学、天文学等の研究に従事し、その間に、とても数えきれないくらいの数々の発見をしたのでした。

すでにお話しましたように、ニュートンの独創的な研究は、すでに大学在学中に始まっておりました。万有引力の法則と、現在微分積分学とよばれている学問の基礎をきずいたのも、それから一両年の間であったといわれています。

しかしニュートンは、その発見を発表することをいつもちゅうちょしていました。彼の書いた「級数論」、それから万有引力の法則を説明した不朽の名著「プリンシピア」は、いずれも完成後数年たってようやく出版されたのでした。さらにいわゆる微分積分学を説明した「流率論」は、ニュートンが死んでから九年もたってようやく出版されました。

この「プリンシピア」を読んだ有名な数学者ラグランジュは、

「ニュートンは、今日《こんにち》にいたるまでの最大の天才であり、しかももっとも幸福な天才であった。なぜなら、宇宙の体系を発見するということは二度とできないことであるから」

といってニュートンをほめたといわれています。

一六九九年にニュートンは、王立造幣局の長官に昇進して、ロンドンへ移りました。また、英国学士院の会員に選ばれ、一七〇三年以来は死ぬまでその院長でありました。さらに一七〇五年には、女王アンナから騎士の称号を与えられました。したがってそれ以来アイザック・ニュートン卿《きょう》と呼ばれました。

こうして、

自然と自然の法則が、
　暗夜《あんや》のなかにかくされていた。
神がいうた、ニュートン出でよ、と、
　かくしてすべてが明かるくなった。

と詩人ポープがほめたたえた一代の科学者ニュートンは、一七二七年、人々に惜しまれながら、八十五歳の高齢をもって、ロンドンで世を去りました。

このニュートンは、いつもいつも科学のことばかり考えていましたので、じつにおもしろい話がたくさん残っています。そのうちの二つ三つを御紹介しましょう。

ある寒い冬の夜、ニュートンはストーブのそばでいっしょうけんめい数学の勉強をしていました。ところがだんだんストーブが暖まってきて、しまいにはあつくてたまらなくなりました。ニュートンは、初めのうちは顔を右に向けたり左に向けたりしていましたが、とうとうがまんができなくなってしまいました。そこで下男に、

「あつくてたまらないが、なんとかならないかね」

といいました。下男は、

「先生、ちょっとお立ちください」

といって、ニュートンのいすを少しうしろのほうへ引きました。

「ほう、これはいい考えだ」

といってニュートンは、相変らずいっしょうけんめい数学の勉強を続けたそうです。

またニュートンは、ひじょうにねこをかわいがっていました。ねこの通り道だといってニュートンは、家のそこここに穴をあけてやりました。ある日このねこが小ねこをたくさん生みましたので、ひじょうに喜んだニュートンは、さっそく下男におやねこの通る大きな穴の横へ、小さな穴をあけるように命じました。ところが下男はどうしてそんなことをするのかわかりませんので、その理由をききますと、ニュートンは、

「小ねこの通る穴だよ」

といってすましています。

「大きな穴があれば小ねこはそこから出はいりできますが」

と下男にいわれて、ニュートンはやっと気がついたそうです。

一筆描きとオイラー

東ドイツに、ケーニヒスベルグとよばれる古い都会がありました。このケーニヒスベルグの町には、左図のようにプレーゲル河が流れており、これに、1、2、3、4、5、6、7、という七つの橋がかかっていました。

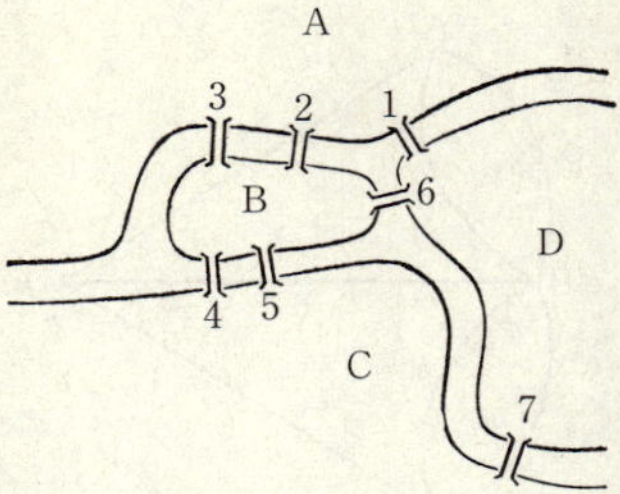

いまから二百年ばかり前に、このケーニヒスベルグの町のある市民が、次のようなおもしろい問題を出しました。すなわち

同じ橋を二度通らないで、市内の橋を全部渡るように歩けるか。

というのです。

人々はこれはひじょうにおもしろい問題だと思って熱心にその解答を求めましたが、だれも完全にこれに答え

られる人はありませんでした。しかし有名な数学者オイラーは、この問題をじつにあざやかに解いてしまいました。答は

そんなことはできない。

というのです。

この問題は、よく考えてみますと、次のようにいい直すこともできます。つまり、前ページの図のA、B、C、Dという場所を点にして、かかっている橋をこれらの点を結ぶ線で描くと右の図のようになりますが、

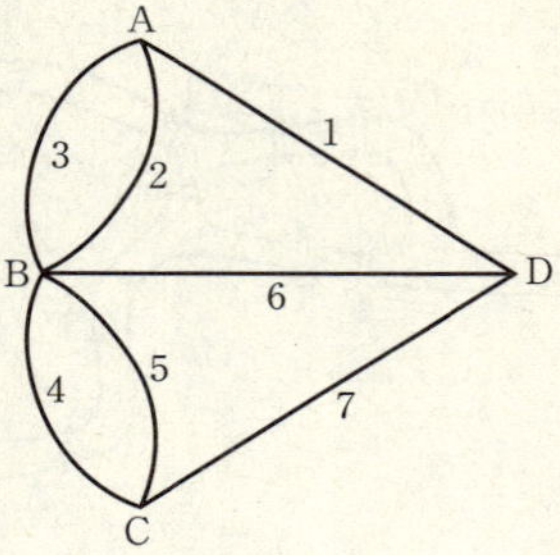

同じ橋を二度通らないで、市内の橋を全部渡るように歩けるか。

（イ）

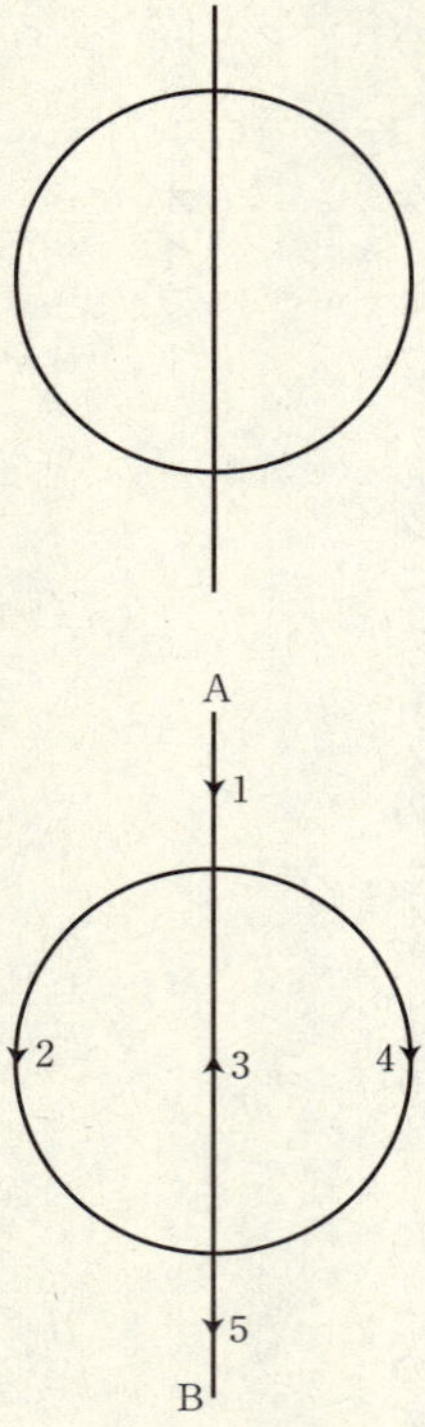

という問題は、

同じ線を二度なぞらないで、この図を全部一筆で描いてしまうことができるか。

という問題になります。ここに「一筆で」というのは「鉛筆を紙からはなさないで、しかも同じところをなぞらないで」という意味です。

こう考えますと、このケーニヒスベルグの橋渡りの問題は、前の図を、鉛筆を紙からはなさず、しかも同じところをなぞらないで、一筆で描くことができるかという、いわゆる**一筆描きの問題**であることがわかります。ですからまず一筆描きのお話をして、それから前のオイラーの答の説明をいたしましょう。

まずやさしい問題から始めましょう。前ページの図(イ)を一筆で描きなさいというのはどうでしょう。これはやさしいですね。

答は、その下の図の点Aから始めて、1、2、3、4、5という順序に、矢の方向へ描いていって点Bで終わればいいわけです。

(ロ)

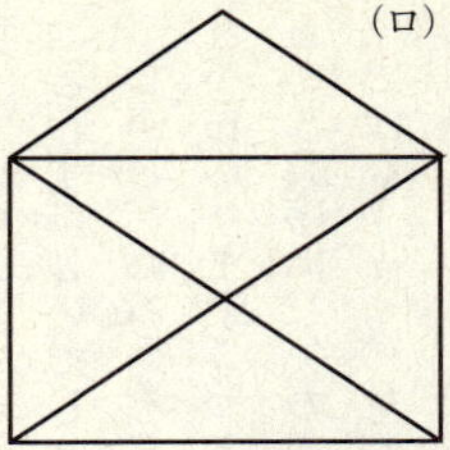

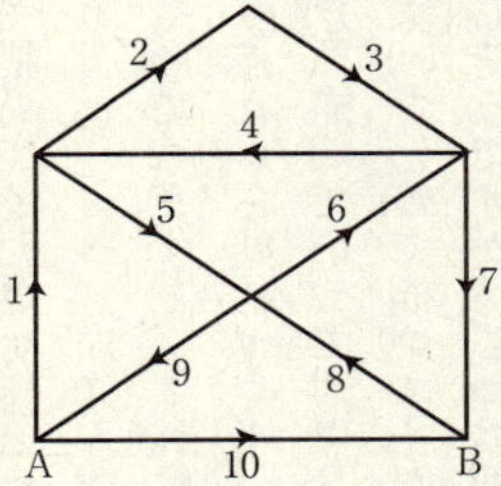

では、これもよくある問題ですが、

前ページの図(ロ)を一筆で描いてください、という問題はどうでしょう。こんどはちょっとむずかしいでしょう。

しかし、いろいろとやってみますと、これはその下の図のようにやれば成功することがわかります。つまり点Aから始めて、1、2、3、4、5、6、7、8、9、10という順序に、矢の向きに描いていって、点Bで終わればいいわけです。

ではもう一つ、左の図(ハ)を一筆で描いてください、というのはどうですか。これはちょっと見るとむずかしそうですが、じつは前の問題よりずっとやさしいのです。答はたとえばその下のようになります。つまり、点Aから始めて、1から番号の順に18まで、矢の方向へ描いていって、点Aにもどればいいのです。

(ハ)

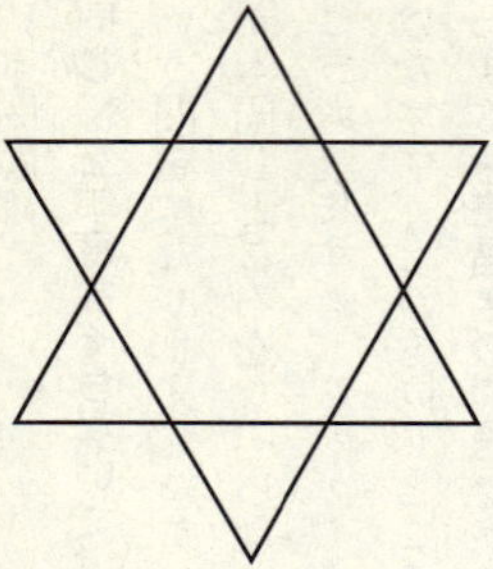

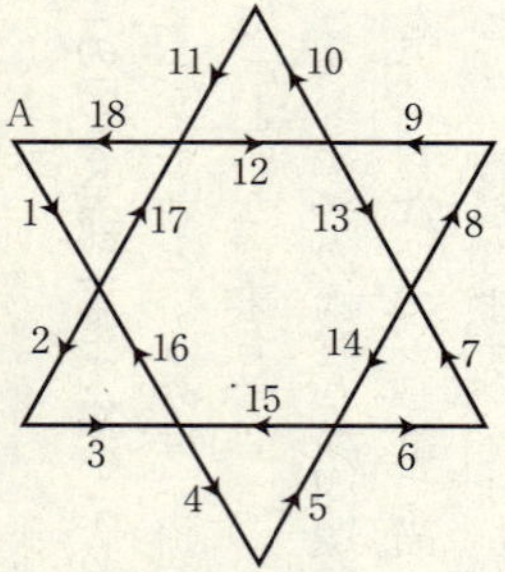

さて、ここにお話した三つの一筆描きの問題をもう一度ふりかえって調べてみましょう。(イ)の問題では、一筆描きは点Aから始まって点Bに終わっています。(ロ)の問題で

も、一筆描きは点Aから始まって点Bに終わっています。最後の(ハ)の問題では、一筆描きは点Aから始まって点Aに終わっています。

では、そのほかの点をよく注意してみてください。どの点をとっても、そこに集まっている線の数は偶数でしょう。つまり2とか4とかいう数《すう》です。これはなぜでしょう。

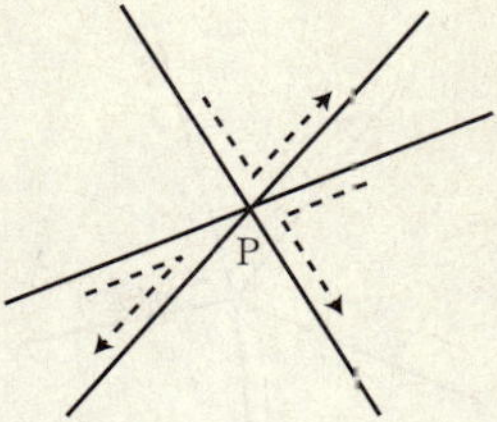

いったい、一筆描きで始めの点でも終わりの点でもない点、たとえばPは、一筆描きが点Pから始まったり点Pで終わったりはしないのですから、描くときにはいつも点Pは通過しなければなりません。ところが、一度点Pを通りますとPに集まる線の数は2、二度点Pを通りますとPに集まる線の数は4、上の図のように三度Pを通ればPに集まる線の数は6となるわけです。こういう理由で、一筆描きで、始めでも終わりでもない点は、ぜひとも偶数個の線の集まった点でなければなりません。こういう点のことをわれわれは**偶点**とよぶことにします。

以上の研究によってわかりましたことを、このことばを使ってはっきりいい直してみますと、

始めでも終わりでもない点は偶点である。

となります。

こんどは、問題(イ)と(ロ)のAという点を考えてみましょう。これはかき始めの点ですね。ここに集まっている線の数を数えてみますと、問題(イ)では1、問題(ロ)では3です。つまりこんどはいずれも奇数です。これはなぜでしょう。

これも、左の図をみて考えてくだされば、その理由はおわかりになると思います。いまAを始まりの点（で終わりの点でない）としますと、一度Aから出発したら、もう一度Aにもどってくることがあっても、ここで止まってしまってはいけないのです。ところが一度Aを通るごとにAに集まる線の数は2ずつ増していくのですから、最初にAから出発したときの一つを加えますと、Aに集まる線の数は、全部で奇数となるのです。このような点のことをわれわれは**奇点**とよぶことにします。そしていままでの研究をまとめていい直しますと、

始めの点（で終わりでない点）は奇点である。

となります。

まったく同じ理由で、問題(イ)におけるB点、問題(ロ)におけるB点は、いずれも終わりの点ですが、これら

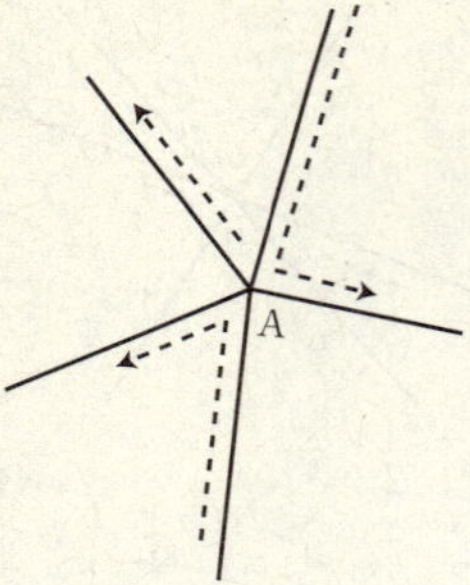

も奇点であることの理由はもうおわかりでしょう。つまり

終わりの点（で始まりでない点）は奇点である。

というわけです。

最後に問題(ハ)のA点を考えてみてください。この点は始めの点であるとどうじに終わりの点にもなっているのです。このような点が偶点であることの理由ももうおわかりでしょう。すなわち、

始めであると同時に終わりである点は偶点である。

となります。

さて、いままでに考えましたことを次に整理してみますと、

一、始めでも終わりでもない点は偶点である。
一、始めの点（で終わりでない点）は奇点である。
一、終わりの点（で始めでない点）は奇点である。
一、始めであると同時に終わりである点は偶点である。

となります。

一筆描きの問題を解くのには、この四つを知っていればいいのです。この四つさえ知っていれば、どんな問題でも解けるのです。これがとらのまきですね。ではどんな

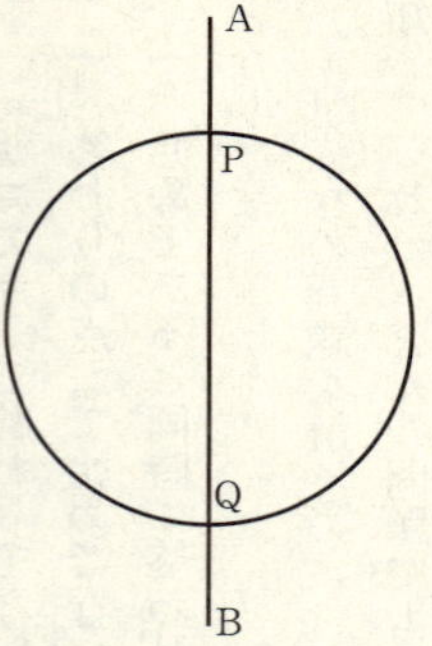

ふうに考えるか。前の問題をもう一度考えてみましょう。

まず問題(イ)をもう一度よくみますと、A、P、Q、Bという四点のうち、PとQとは偶点で、AとBとは奇点です。

ところが前の四つのことから、奇点はぜひとも始めの点か終わりの点でなければならないのです。ですから(イ)の問題は、A点から始めてB点に終わるか、またはB点から始めてA点に終わらなければできないことがわかります。始めの点と終わりの点がわかれば、あとはちょっとのくふうで描くことができます。

では問題(ロ)を調べてみましょう。ここには六つの点がありますが、そのうちP、Q、R、Sの四点は偶点、A、Bの二点は奇点です。

ところが、奇点はぜひとも始めの点か終わりの点でなければならないのです。ですから問題(ロ)は、A点から始めてB点に終わるか、B点から始めてA点に終わらなけ

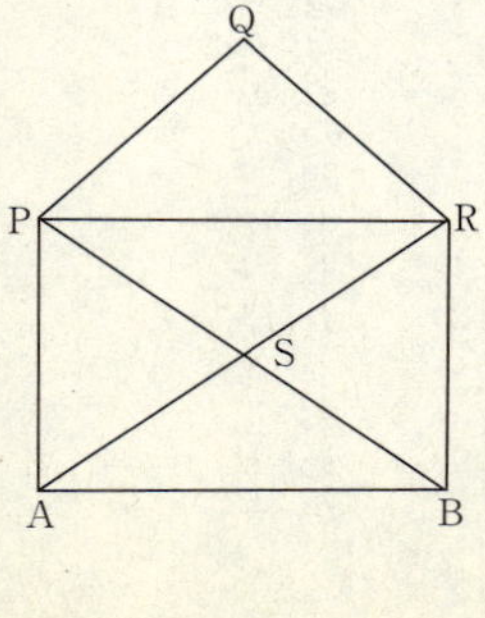

ればできないわけです。このように、始めの点と終わりの点とがわかれば、あとは少しのくふうでできてしまいます。

　では問題(ハ)はどうですか。ここにはたくさんの点がありますが、よく調べてみますと、みんな偶点です。したがってこのばあいには、どこから始めてどこに終わらなければいけないということはありません。そのかわり、たとえば点Aから始めるとしますと、

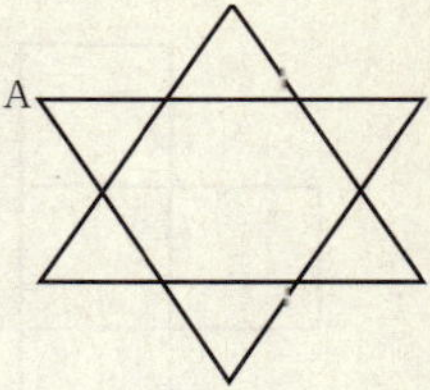

必ず点Aにもどってこなければいけないわけです。なぜなら、もしA点にもどってこないとA点が奇点になってしまうからです。

　どうです、一筆描きのこつがおわかりになりましたか。ではひとつ新しい問題をやってみましょう。

　次のページの(ニ)はどうでしょう。ちょっと見るとむずかしそうですが、前の四つを頭においてまず奇点を探してみてください。AとBの二つであることがわかるでしょう。ですから、点Aから始めて点Bに終わるか、点Bから始めて点Aに終わるようにくふうをすればよいのです。ここまでわかれば、いろいろの描き方がありましょうが、たとえばその下のようにすればいいわけです。

　こんどは次の(ホ)を考えてみましょう。調べてみますと、このばあいにはどの点もみ

(ニ)

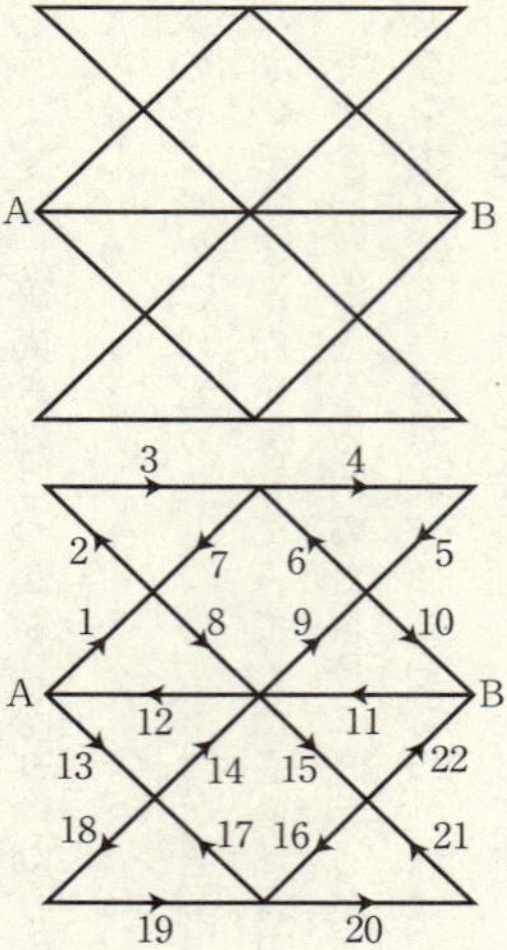

(ホ)

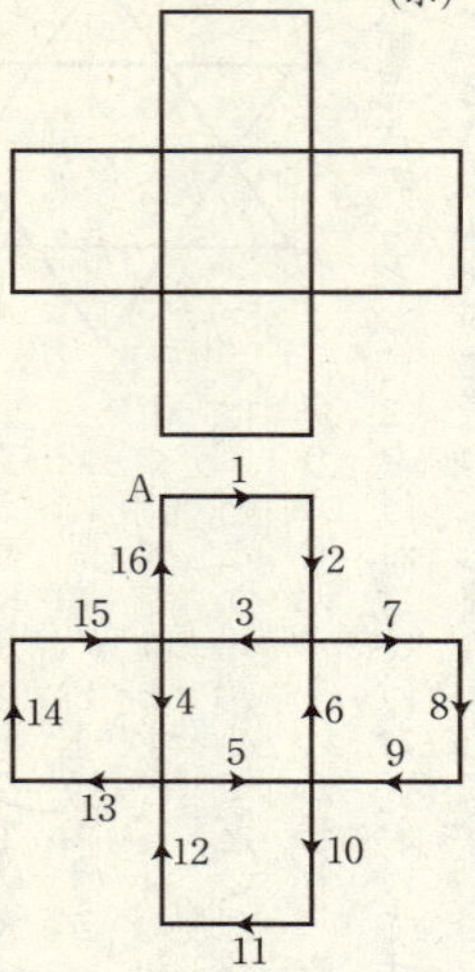

んな偶点です。ですから前の四つのことを合わせ考えてみますと、どこから始めてもいいが、けっきょくその点へもどってくるようにくふうすればいいわけです。

たとえば点Aから始まって点Aに終わる描き方をその下に示しておきましたが、みなさんはそれいがいの描き方も考えてみてください。

では次の(ヘ)はどうでしょう。れいによって奇点を探してみますと、それはA点とB点です。ですから、A点から始まってB点に終わるか、またはB点から始まってA点に終わるようにくふうすればいいわけです。たとえば下のとおりです。

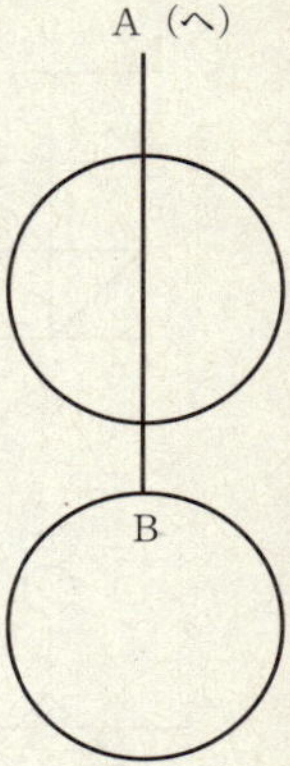

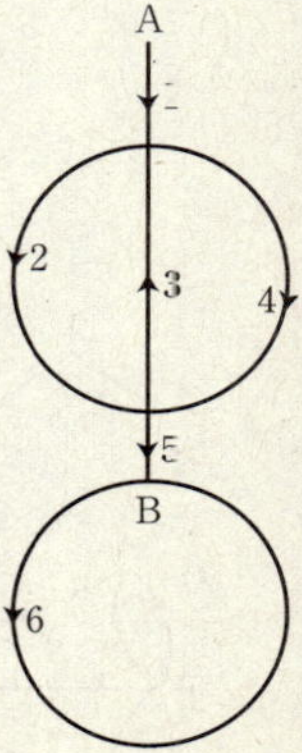

次のページに問題を並べておきますから(ト)〜(カ)、みなさんひとつ考えてみてください。

では、この(カ)によく似た次の(ヨ)を考えてみましょう。れいによって奇点を探してみますと、A、B、C、Dという四つの点は全部奇点です。ところが奇点は、ぜひとも始めの点か終わりの点でなければならないのです。したがってこの問題には、始めか終わりでなければならぬ点が全部で四つあることになります。ところがわれわれは一筆描きを考えているのですから、始めも終わりももちろん一つずつでなければへんです。ですからこの(ヨ)は、一筆では描けないということになります。ですからみなさんは前の四か条のほかに、

一、奇点が三つ以上あるような図は一筆では描けない。

ということをつけ加えて覚えておられると、それでもう鬼に金棒です。

(ワ)

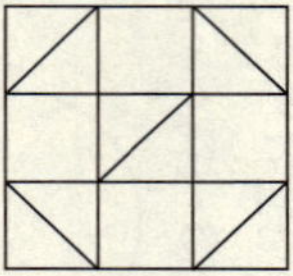

(ヌ)

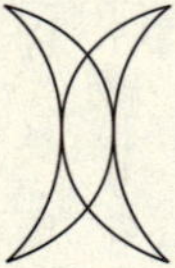

(ト)

(カ)

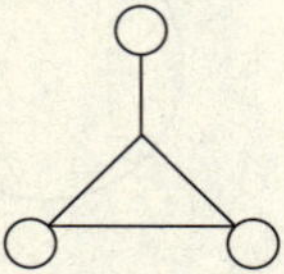

(ル)

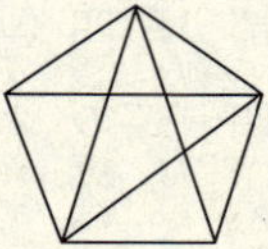

(チ)

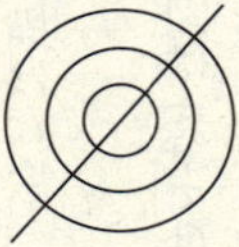

(ヨ)

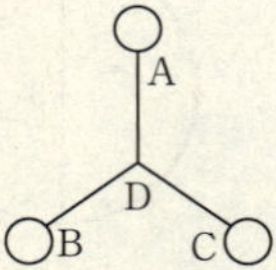

(ヲ)

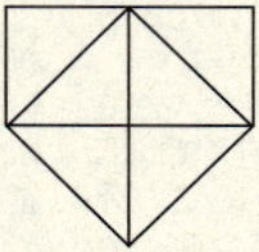

(リ)

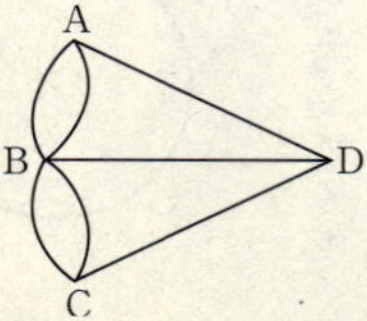

そこで前にもどって、ケーニヒスベルグの橋渡りの問題を考えてみましょう。この問題は、前にお話しましたように、(ヨ)の一筆描きの問題に直せるのでした。ところがこの図は、A、B、C、D、と四つも奇点をもっているのですから、とうてい一筆では描けないわけです。したがってもちろん、ケーニヒスベルグの町の橋を、ただ一回ずつ渡って散歩することは、残念ながらできないわけです。これがオイラーの答であったのです。

〈答〉

エジプトの数学

24 43 124 279 338 2582 31628 ……三一（ページ）

バビロニアの数学

23 56 145 327 645 ……四五

種々の記数法

37 79 86 243 359 624 826 789 2673 ……五四

38 43 79 87 89 187 379 486 789 2764 ……六〇

$$\begin{array}{r} \mathrm{CCLXXVIII} \\ +\mathrm{DCCCXCIX} \\ \hline \mathrm{MCLXXVII} \end{array}$$

……………… 六一

3　8　9　10　12　13 ……………… 一三七

3　5　6　8　10 ……………… 一三八

7　3　22　10　3　5　2　3 ……………… 一四四

5　−1　−3　3　−2　−7　−3　−15 ……………… 一五〇

6　−5　6　−15　8　−5　−13 ……………… 一五〇

−2　−3　5　−1　−7　−3　−12　−1 ……………… 一五五

4	4	−6	−1	11
−7	−4	−20	11	−11
11	−4	−8	−2	7
−12	−4	−24	2	3
3	2	16	−6	−5
−6	−7	12	5	−11
−2	4	−28	−3	−2
−3	……	−15	……	−9
4		……		……
……				
一六三	一六三	一五九	一五六	一五五

一筆描きとオイラー

(ト)

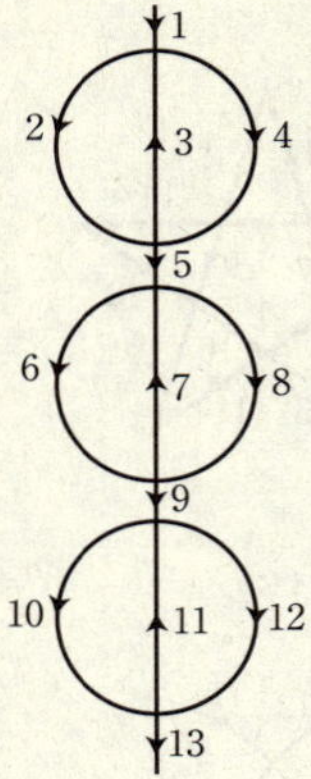

(チ)

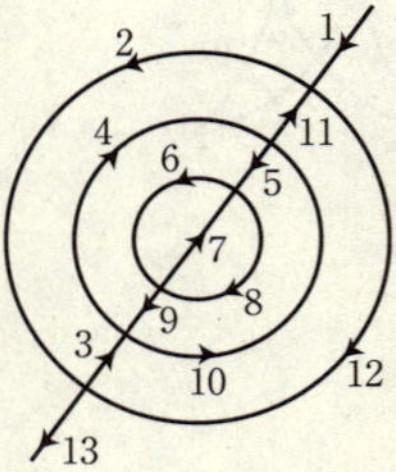

(ル)

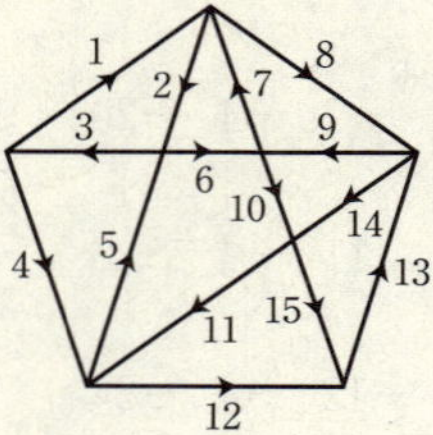
1
2
7
8
3
9
6
10
14
4
5
13
15
11
12

(リ)

1
15
2
14
8
3
7
9
13
4
6
10
12
5
11

(ヲ)

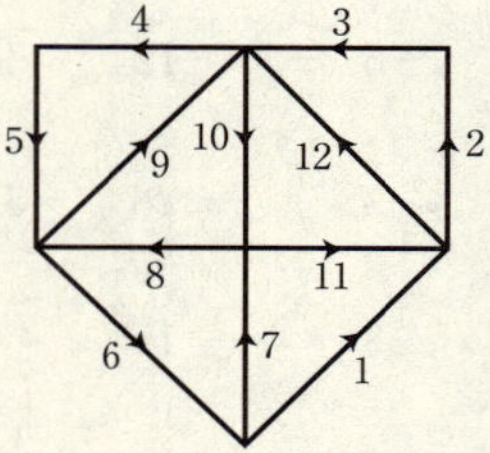
4
3
5
10
9
12
2
8
11
6
7
1

(ヌ)

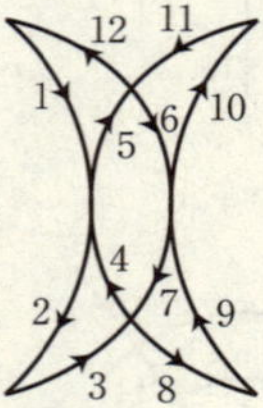
12
11
1
6
10
5
4
2
7
9
3
8

（ワ）

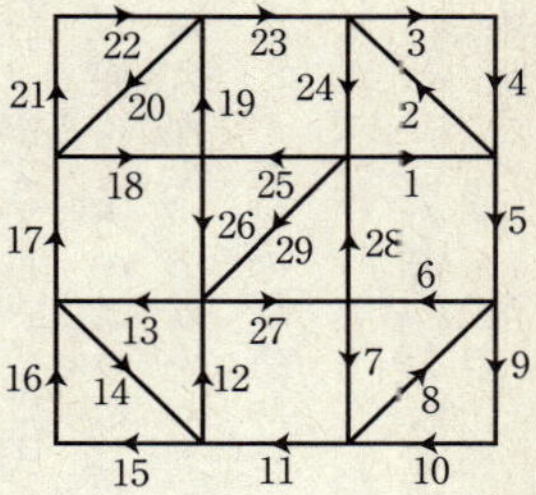
1
2
3
4
5
6
7
8
9
10
11
12
13
14
15
16
17
18
19
20
21
22
23
24
25
26
27
28
29

（カ）

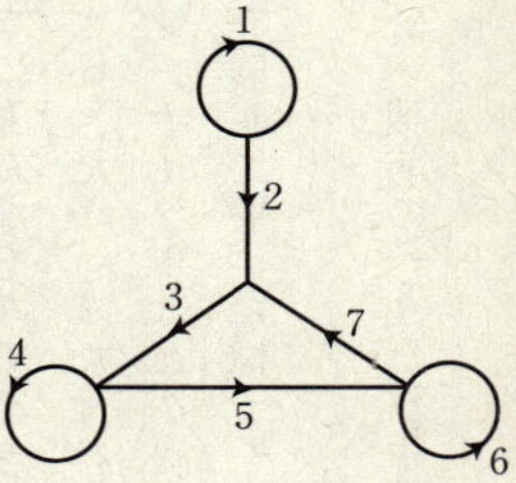
1
2
3
4
5
6
7

あとがき

この書物は、動物に果して数の概念があるか、われわれの遠い祖先たちはどのようにして数の概念を得ていったか、また、どのようにして数を数える方法を工夫していったか、その数を数える方法の工夫において、われわれの手足についている指がどのような役割を果していったか、などという話からはじめて、現在記録に残っている最も古い数学、エジプトやバビロニアの数字はどんなものであったか、そしてそれらがギリシアへ渡ってどのようにして発展していったか、またそれらを受けついだヨーロッパで、パスカル、デカルト、ニュートン、オイラーなどがどんな仕事を残したかなど、要するに、数学の誕生から、それが発展していった様子の大略を説明するために書かれたものです。

私がはじめてこの書物を書きましたのは、戦前の一九三六年のことで、それは小山書店から出版されました。

戦後同じ小山書店から、梟《ふくろう》文庫というのが出版されましたが、旧著を全面的に書き直したこの『数学物語』は、その第五巻として出版されました。

私自身にとっては、これが始めて書いた書物ですので、非常な愛着をもっているのですが、今回この書物が、小山久二郎の御厚意と、角川書店のすすめによって、角川文庫の一冊として出版され、さらに多くの人の目にふれる機会を得たことをこの上なく喜んでいる次第です。

矢野健太郎

昭和三十六年十二月

本書中には、今日の人権擁護の見地に照らして不適切と思われる表現がみられるが、発表当時の社会背景を鑑み、そのままとした。（編集部）

数《すう》学《がく》物《もの》語《がたり》

矢《や》野《の》健《けん》太《た》郎《ろう》

角川文庫 15121

昭和三十六年十二月三十日 初版発行
平成二十年四月二十五日 改版初版発行

発行者―青木誠一郎
発行所―株式会社角川学芸出版
東京都文京区本郷五―二十四―五
電話・編集 (〇三)三八一七―八五三五
〒一一三―〇〇三三
発売元―株式会社角川グループパブリッシング
東京都千代田区富士見二―十三―三
電話・営業 (〇三)三二三八―八五二一
〒一〇二―八一七七
http://www.kadokawa.co.jp

印刷所―旭印刷 製本所―BBC
装幀者―杉浦康平

定価はカバーに明記してあります。

角川ソフィア文庫 371 ISBN978-4-04-311802-1 C0141

角川文庫発刊に際して

角川源義

第二次世界大戦の敗北は、軍事力の敗北であった以上に、私たちの若い文化力の敗退であった。私たちの文化が戦争に対して如何に無力であり、単なるあだ花に過ぎなかったかを、私たちは身を以て体験し痛感した。西洋近代文化の摂取にとって、明治以後八十年の歳月は決して短かすぎたとは言えない。にもかかわらず、近代文化の伝統を確立し、自由な批判と柔軟な良識に富む文化層として自らを形成することに私たちは失敗して来た。そしてこれは、各層への文化の普及滲透を任務とする出版人の責任でもあった。

一九四五年以来、私たちは再び振出しに戻り、第一歩から踏み出すことを余儀なくされた。これは大きな不幸ではあるが、反面、これまでの混沌・未熟・歪曲の中にあった我が国の文化に秩序と確たる基礎を齎らすためには絶好の機会でもある。角川書店は、このような祖国の文化的危機にあたり、微力をも顧みず再建の礎石たるべき抱負と決意とをもって出発したが、ここに創立以来の念願を果すべく角川文庫を発刊する。これまで刊行されたあらゆる全集叢書文庫類の長所と短所とを検討し、古今東西の不朽の典籍を、良心的編集のもとに、廉価に、そして書架にふさわしい美本として、多くのひとびとに提供しようとする。しかし私たちは徒らに百科全書的な知識のジレッタントを作ることを目的とせず、あくまで祖国の文化に秩序と再建への道を示し、この文庫を角川書店の栄ある事業として、今後永久に継続発展せしめ、学芸と教養との殿堂として大成せんことを期したい。多くの読書子の愛情ある忠言と支持とによって、この希望と抱負とを完遂せしめられんことを願う。

一九四九年五月三日

単行本

オデッセイ号航海記

クジラからのメッセージ

ロジャー・ペイン

宮本貞雄＝訳

発行―角川学芸出版
発売―角川グループパブリッシング

海洋に響き渡るクジラの唄声、羽ばたくことなく数時間にわたって飛行するアホウドリ、俊敏に狩りをする光の矢のようなイカの群れ……。一〇〇回を超える航海によって海洋汚染調査を行い、世界的ベストセラー「ザトウクジラの唄」を生んだ鯨類研究の第一人者、ロジャー・ペイン博士が大海原から発信する「地球の未来」へのメッセージ。「地球交響曲《ガイアシンフォニー》第六番」に出演。

単行本

森の旅人

REASON FOR HOPE

ジェーン・グドール
フィリップ・バーマン
上野圭一＝訳　松沢哲郎＝監訳

酸素も無線機も持た半生をアフリカの森でチンパンジーとともに過ごした霊長類学者で「地球交響曲《ガイアシンフォニー》第四番」の出演者、ジェーン・グドールが、その人生と心の軌跡、そして人類が辿ってきた魂の遍歴を綴った初の自叙伝。愛、信仰、霊性、進化、癒しなど、普遍的なテーマに迫った意欲作。

角川ソフィア文庫ベストセラー

定本 言語にとって美とは何かI
吉本隆明
言語、芸術、そして文学とは何か――。詩歌をはじめ、文学史上のさまざまな作品を取り上げて具体的に分析する、独創的言語論。解説＝加藤典洋

定本 言語にとって美とは何かII
吉本隆明
構成論、内容と形式、立場の各章で、言語、文学、芸術とは何かを考察。戯作の成り立ちを能・狂言を通じて展開した論考でもある。解説＝芹沢俊介

ビギナーズ 日本の思想
福沢諭吉「学問のすすめ」
福沢諭吉
佐藤きむ訳
坂井達朗解説
明治維新直後の日本が国際化への道を辿るなかで、混迷する人々に近代人のあるべき姿を懇切に示し勇気付け、明治初年のベストセラーとなった名著。

ビギナーズ 日本の思想
西郷隆盛「南洲翁遺訓」
西郷隆盛著
猪飼隆明訳・解説
明治新政府への批判を込めた西郷隆盛の言動を書き留めた遺訓。日本人のあるべき姿を示し、天を相手とした偉大な助言は感動的である。

ひとたばの手紙から
戦火を見つめた俳人たち
宇多喜代子
硫黄島で戦死した日本兵の手紙を託されたのが機縁で、戦争と向き合った俳人たちとその俳句を検証。語り継ぐ風化させてはならない戦争の記憶。

ビギナーズ・クラシックス
枕草子
角川書店編
中宮定子を取り巻く華やかな平安の宮廷生活を、清少納言の優れた感性と機知に富んだ言葉で綴る、王朝文学を代表する珠玉の随筆集。

ビギナーズ・クラシックス
おくのほそ道（全）
角川書店編
旅に生きた俳聖芭蕉の五ヵ月にわたる奥州の旅日記。風雅の誠を求め、真の俳諧の道を実践し続けた魂の記録であり、俳句愛好者の聖典でもある。

角川ソフィア文庫ベストセラー

竹取物語（全）
ビギナーズ・クラシックス

角川書店編

月の国からやってきた世にも美しいかぐや姫は、求婚者5人に難題を課して次々と破滅に追いやり、帝までも退けた、実に冷酷な女性であった?!

平家物語
ビギナーズ・クラシックス

角川書店編

貴族社会から武士社会へ、日本歴史の大転換となる時代の、六年間に及ぶ源平の争乱と、その中で翻弄される人々の哀歓を描く一大戦記。

源氏物語
ビギナーズ・クラシックス

角川書店編

光源氏を主人公とした平安貴族の風俗や内面を描き、時代を超えて読み継がれる日本古典文学の傑作。この世界初の長編ロマンが一冊で分かる本。

万葉集
ビギナーズ・クラシックス

角川書店編

歌に生き恋に死んだ万葉の人々の、大地から沸き上がり満ちあふれるエネルギーともいえる歌の数数。二十巻、四千五百余首から約百四十首を厳選。

蜻蛉日記
ビギナーズ・クラシックス

角川書店編

美貌と歌才に恵まれながら、夫の愛を一心に受けられないことによる絶望。蜻蛉のような身の上を嘆きつつも書き続けた道綱母二十一年間の日記。

徒然草
ビギナーズ・クラシックス

角川書店編

南北朝動乱という乱世の中で磨かれた、知の巨人兼好が鋭くえぐる自然や世相。たゆみない求道精神に貫かれた名随想集で、知識人必読の書。

今昔物語集
ビギナーズ・クラシックス

角川書店編

インド・中国、日本各地を舞台に、上は神仏や帝、下は浮浪者や盗賊に至るあらゆる階層の人々の、バラエティに富んだ平安末成立の説話大百科。